よくわかる
都市計画法

第二次改訂版

都市計画法制研究会［編著］

ぎょうせい

第二次改訂にあたって

　平成24年8月に改訂版を刊行して6年余りが経過しました。
　この間に、都市計画法が度々改正され、例えば、「都市緑地法等の一部を改正する法律（平成29年法律第26号）」では、農業の利便の増進を図りつつ、これと調和した低層住宅に係る良好な住居の環境を保護すべく、13種類目の用途地域として新たに「田園住居地域」が創設されました。都市計画法に、新たに用途地域が創設されたのは、四半世紀ぶりのこととなります。
　また、「都市再生特別措置法等の一部を改正する法律（平成30年法律第22号）」では、都市に必要な機能・施設や地域住民の日常生活等に必要な身の回りの公共空間等を持続的に確保するための「都市施設等整備協定（第5章）」や「都市計画協力団体（第6章）」に係る制度が創設されました。都市計画法に、新たに章が追加されたのは、この改正がはじめてとなります。
　今回の本書の改訂は、これらの都市計画の改正に関する情報の追加を中心としています。
　現行の都市計画法は、本年で制定50年、また、翌年には旧都市計画法の制定から100年を迎えるところであり、真に豊かな都市の実現に向け着実にその成果を上げておりますが、都市のビジョンを描く都市計画の役割は、ますますその重要性を増しており、都市計画行政の的確な理解と遂行がより強く要請される時代となっております。
　本書は、こうした変化を、実務者、研究者、都市計画に関心を有している方々に対し、わかりやすく解説することを目指したものです。本書が読者の皆様の都市計画に対する理解の一助となれば幸いです。

　　平成30年11月

はじめに

　都市計画法は、わが国における都市計画の基本法であり、その起源は、明治21年に東京の都市計画を図るために制定された東京市区改正条例、そしてその適用対象を拡大した大正8年の旧都市計画法にまで遡ります。この法律は、年代が下るにつれて全国にその対象都市を広げ、戦後もしばらくは存続しましたが、高度経済成長とともに都市への人口流入と無秩序な市街地の拡大が問題となり、昭和43年、それまでの旧都市計画法を廃して新しい都市計画の基本法を制定することとなりました。これが現在に至るまでわが国の都市計画制度の基礎となっている都市計画法です。

　現在、都市計画法の直接の適用対象である都市計画区域は、面積では国土の4分の1強の約10万平方キロメートルに過ぎませんが、区域内の人口は約1億2,000万人、実は日本の全人口の9割以上に達し、ほぼすべての国民生活に多大な影響を有しています。

　現行の都市計画法は、本年で制定50年を迎えました。また、翌年には旧都市計画法の制定から100年を迎えます。この間、時代の変化とともに都市計画法と関連する法制度は様々な変化を経験しています。高度成長期の多様できめ細かい都市整備の需要に応えるための地区計画制度の創設（昭和55年）や地方分権改革による権限移譲等の見直し（平成11年）、都市計画区域マスタープランの創設などを含む抜本改正（平成12年）、大規模集客施設の立地規制や開発許可制度の見直し（平成18年）といった様々な改正が行われてきました。

　わが国は現在、人口減少・超高齢化という時代の転換期を迎え、都市を取り巻く社会経済情勢は大きく変化しつつあり、地域の活力を維持し、誰もが安心して暮らすことができるまちをつくることはより一層重要な課題となっています。都市は、「職・住・遊・学」の機能を備えた人々の暮らしの中心となる場所であり、社会経済情勢の変化への的確な対応が求められていま

す。
　本書は、都市計画法がこうした大きな転換点を迎え、社会の様々な角度から多大な期待が寄せられている時期にあって、その実務に携わり、研究に励み、あるいは未来の仕事として興味関心を有している人々に対し、現在の都市計画法のあらましをわかりやすいよう解説したものです。本書が、都市計画の新しい時代の幕を開く有志の人々にとって、その知識の礎として活用されれば幸いです。
　平成30年11月

目　次

　　凡例 …………………………………………………………… xvii
　　最近の都市計画法改正の概要 ……………………………… xviii

第1章　都市計画法の位置づけと概要

　1　都市計画法の位置づけと趣旨 ………………………………… 3
　　（1）都市計画法の位置づけ ……………………………………… 3
　　（2）都市計画の基本理念 ………………………………………… 6
　　（3）国、地方公共団体及び住民の責務 ………………………… 6
　2　都市計画が定めるもの ………………………………………… 7
　3　都市計画法の規制を受ける土地 ……………………………… 7
　　（1）都市計画区域 ………………………………………………… 7
　　（2）準都市計画区域 ……………………………………………… 15
　4　都市計画に関する基礎調査 …………………………………… 17

第2章　都市計画の内容

　1　都市計画区域の整備、開発及び保全の方針 ………………… 21
　　（1）都市計画区域マスタープランとは ………………………… 21
　　（2）都市計画区域マスタープランの記載事項 ………………… 22
　2　区域区分 ………………………………………………………… 23
　　（1）区域区分制度を設けた趣旨 ………………………………… 23
　　（2）区域区分を行った場合に生ずる法的効果 ………………… 24
　　（3）区域区分と開発許可の関係 ………………………………… 25
　　（4）区域区分と都市計画区域との関係 ………………………… 26
　　（5）すでに市街地を形成している区域 ………………………… 27
　　（6）おおむね10年以内に優先的かつ計画的に市街化を図る

目　次

　　　　　　べき区域……………………………………………………27
　　　（7）昭和42年宅地審議会第6次答申……………………………28
　　　（8）農林漁業との調整………………………………………………29
　　　（9）農業振興地域との関係…………………………………………29
3　都市再開発方針等……………………………………………………30
　　　（1）都市再開発方針等…………………………………………………30
　　　（2）都市再開発方針等をそれぞれ独立させる理由…………………30
4　地域地区…………………………………………………………………31
　　　（1）地域地区とは………………………………………………………31
　　　（2）地域地区の規制の概要……………………………………………31
　　　（3）地域地区内の制限に関する法律…………………………………35
5　用途地域…………………………………………………………………36
　　　（1）用途地域における規制……………………………………………36
　　　（2）用途地域における制限の目的、内容、根拠……………………42
6　特別用途地区……………………………………………………………51
7　特定用途制限地域………………………………………………………52
8　特例容積率適用地区……………………………………………………53
　　　（1）特例容積率適用地区制度とは……………………………………53
　　　（2）特例容積率適用地区制度における敷地間の容積の移転………53
　　　（3）特例容積率適用地区の特徴………………………………………53
9　高層住居誘導地区………………………………………………………54
　　　（1）高層住居誘導地区の規制内容……………………………………54
　　　（2）高層住居誘導地区において定める建蔽率の最高限度と
　　　　　敷地面積の最低限度………………………………………………55
10　高度地区…………………………………………………………………56
11　高度利用地区……………………………………………………………56
12　特定街区…………………………………………………………………57
13　都市再生特別地区………………………………………………………58

（1）都市再生特別地区とは ································· 58
　　　（2）都市再生特別地区に定める事項 ····················· 58
　　　（3）都市再生特別地区内の建築制限 ····················· 59
　14　居住調整地域 ·· 60
　　　（1）居住調整地域とは ·· 60
　　　（2）居住調整地域内の開発行為等の規制 ················ 60
　15　特定用途誘導地区 ·· 60
　　　（1）特定用途誘導地区とは ·································· 60
　　　（2）特定用途誘導地区に定める事項 ····················· 61
　　　（3）特定用途誘導地区内の建築制限 ····················· 61
　16　防火地域及び準防火地域 ····································· 62
　17　景観地区 ··· 62
　18　風致地区 ··· 63
　19　駐車場整備地区 ·· 63
　20　臨港地区 ··· 64
　　　（1）法第8条の臨港地区と港湾法第38条の臨港地区との関
　　　　　係 ··· 64
　　　（2）臨港地区の規制内容 ····································· 64
　21　歴史的風土特別保存地区等 ·································· 64
　22　特別緑地保全地区、緑地保全地域及び緑化地域 ········ 66
　　　（1）特別緑地保全地区 ·· 66
　　　（2）緑地保全地域 ··· 66
　　　（3）緑化地域 ·· 67
　23　生産緑地地区の規制内容等 ·································· 68
　24　流通業務地区 ··· 68
　25　伝統的建造物群保存地区 ····································· 69
　26　航空機騒音障害防止地区等 ·································· 70
　27　促進区域 ··· 70

（1）促進区域とは･･･70
　　　（2）促進区域の実現･･･71
　　　（3）促進区域内の制限に関する法律･････････････････････････73
28　遊休土地転換利用促進地区 ･･････････････････････････････････74
　　　（1）遊休土地転換利用促進地区制度の創設･･････････････････74
　　　（2）遊休土地の認定基準･････････････････････････････････････74
29　被災市街地復興推進地域 ･････････････････････････････････････76
　　　（1）被災市街地復興推進地域を都市計画に定めるための要
　　　　　　件･･･76
　　　（2）被災市街地復興推進地域の効果･････････････････････････77
　　　（3）被災市街地復興推進地域内の制限に関する法律･････････77
30　都市施設 ･･･81
　　　（1）都市施設と都市計画施設･･･････････････････････････････81
　　　（2）法第11条における都市施設の列挙の趣旨････････････････81
　　　（3）その他の交通施設の例示･･･････････････････････････････82
　　　（4）当該都市計画区域外における都市施設･･････････････････82
　　　（5）自動車専用道路、幹線街路、区画街路又は特殊街路･････83
　　　（6）トラックターミナル等･････････････････････････････････････84
　　　（7）街区公園等･･･84
　　　（8）立体都市計画･･･85
　　　（9）流通業務団地･･･86
　　　（10）一団地の津波防災拠点市街地形成施設････････････････88
　　　（11）一団地の復興拠点市街地形成施設の都市計画･････････89
　　　（12）予定区域制度の対象となる３つの都市施設････････････90
31　市街地開発事業 ･･91
　　　（1）市街地開発事業･･91
　　　（2）市街地開発事業等予定区域･････････････････････････････91
　　　（3）他の都市計画区域等における市街地開発事業･･････････92

（4）2以上の都市計画区域にまたがる市街地開発事業 ……………92
　　（5）公共施設の配置及び宅地の整備に関する事項 ………………92
　　（6）新住宅市街地開発事業に関する都市計画の内容 ……………93
　　（7）工業団地造成事業に関する都市計画の内容 …………………93
　　（8）市街地再開発事業に関する都市計画の内容 …………………94
　　（9）予定区域制度の対象となる3つの市街地開発事業 …………94
　　（10）事業完了後における市街地開発事業の都市計画 ……………94
32　市街地開発事業等予定区域 ………………………………………95
　　（1）市街地開発事業等予定区域 ……………………………………95
　　（2）市街地開発事業等予定区域の種類 ……………………………96
　　（3）市街地開発事業等予定区域に関する都市計画の効果 ………97
　　（4）市街地開発事業又は都市施設に関する都市計画に定め
　　　　る事項 ……………………………………………………………97
33　地区計画 ……………………………………………………………98
　　（1）地区計画等 ………………………………………………………98
　　（2）地区計画の趣旨 …………………………………………………98
　　（3）地区計画等の規制内容 ………………………………………101
　　（4）防災街区整備地区計画の趣旨 ………………………………102
　　（5）歴史的風致維持向上地区計画の趣旨 ………………………103
　　（6）沿道地区計画の趣旨 …………………………………………104
　　（7）集落地区計画の趣旨 …………………………………………106
　　（8）地区計画の策定される土地の区域 …………………………107
　　（9）地区計画等の計画事項 ………………………………………107
　　（10）建築物等の形態又は色彩その他の意匠の制限 ……………109
　　（11）地区整備計画等の計画事項 …………………………………109
　　（12）再開発等促進区・沿道再開発等促進区 ……………………111
　　（13）再開発等促進区・沿道再開発等促進区が定められる土
　　　　地の区域 ………………………………………………………113

（14）開発整備促進区を定める地区計画制度 …………………113
　　　（15）開発整備促進区の効果 ……………………………………114
　　　（16）開発整備促進区を定める地区計画を定めることができ
　　　　　る区域 …………………………………………………………115
　　　（17）地区施設と都市計画施設の関係 …………………………116
　　　（18）1号施設 ……………………………………………………116
　　　（19）特定建築物地区整備計画 …………………………………117
　　　（20）地区整備計画を定めなくてもよい場合 …………………117
　34　誘導容積型地区計画等 …………………………………………118
　　　（1）誘導容積型地区計画 ………………………………………118
　　　（2）容積適正配分型地区計画 …………………………………120
　　　（3）高度利用型地区計画 ………………………………………123
　　　（4）用途別容積型地区計画 ……………………………………125
　　　（5）街並み誘導型地区計画 ……………………………………128
　　　（6）誘導容積型地区計画等の適用関係 ………………………130
　　　（7）立体道路制度 ………………………………………………131
　35　都市計画基準 ……………………………………………………135
　　　（1）市街化調整区域内における地域地区 ……………………135
　　　（2）市街化調整区域内における都市施設 ……………………137
　　　（3）市街化調整区域内等における市街地開発事業 …………137
　36　都市計画の図書 …………………………………………………138
　　　（1）総括図 ………………………………………………………138
　　　（2）計画図 ………………………………………………………139
　　　（3）計画書 ………………………………………………………139

第3章　都市計画の決定及び変更

　1　都市計画決定権者 …………………………………………………143
　　　（1）都道府県又は市町村とした趣旨 …………………………143

（2）都道府県及び市町村が定める都市計画の範囲等 ……………144
　　（3）都市計画と行政争訟 …………………………………………148
　　（4）都市計画の決定手続 …………………………………………148
2　都市計画の案の作成 ……………………………………………………152
　　（1）都道府県が定める都市計画の案の作成 ……………………152
　　（2）市町村が申し出た都市計画の案 ……………………………152
　　（3）都道府県の関与 ………………………………………………152
3　公聴会等の開催 …………………………………………………………152
　　（1）公聴会の開催等が必要とされる趣旨 ………………………152
　　（2）公聴会の開催手続 ……………………………………………153
　　（3）住民の意見を反映させるための措置 ………………………154
　　（4）地区計画等の案の作成 ………………………………………154
　　（5）地区計画等に関する住民又は利害関係人からの申し出
　　　　を認める趣旨 …………………………………………………155
4　都市計画の案の縦覧等 …………………………………………………156
　　（1）都市計画の案の縦覧等の目的 ………………………………156
　　（2）都市計画の案の理由書 ………………………………………156
　　（3）利害関係人 ……………………………………………………157
　　（4）縦覧場所の範囲 ………………………………………………157
　　（5）公告・縦覧をすべき「関係市町村」の範囲 ………………157
　　（6）特定街区の都市計画決定 ……………………………………158
　　（7）遊休土地転換利用促進地区の都市計画決定 ………………158
　　（8）施行予定者を定める都市計画の案 …………………………159
　　（9）条例との関係を明示する趣旨 ………………………………159
5　都道府県の都市計画の決定 ……………………………………………160
　　（1）関係市町村の範囲 ……………………………………………160
　　（2）都道府県都市計画審議会の議を経る趣旨 …………………160
　　（3）国土交通大臣同意の趣旨 ……………………………………161

目　次

6　市町村の都市計画に関する基本的な方針 ……………………161
　（1）市町村の都市計画に関する基本的な方針を設けた趣旨 ……161
　（2）市町村の都市計画に関する基本的な方針の内容 …………162
　（3）都市計画区域の整備、開発及び保全に関する方針との
　　　関係 ……………………………………………………………163
　（4）具体の都市計画との関係 …………………………………164
　（5）基本的な方針を定めるための手続 ………………………164
7　市町村の都市計画決定 …………………………………………165
　（1）都道府県知事の協議又は同意の趣旨 ……………………165
　（2）資料の提出、意見の開陳等の協力 ………………………167
8　都市計画の変更 …………………………………………………167
　（1）都市計画の変更 ……………………………………………167
　（2）都市計画の変更の主体 ……………………………………168
　（3）都市計画の変更時における公聴会の開催等 ……………168
9　都市計画の提案制度 ……………………………………………169
　（1）都市計画の提案制度の趣旨 ………………………………169
　（2）提案をする際の要件 ………………………………………169
　（3）提案の対象となる都市計画 ………………………………171
　（4）都市再生特別措置法等による都市計画の提案制度との
　　　違い ……………………………………………………………171
　（5）都市計画の決定等の提案の処理に係る期間 ……………174
　（6）都市計画の決定等の提案の主体 …………………………175
10　国土交通大臣の定める都市計画 ………………………………176
11　他の行政機関等との調整等 ……………………………………176
12　国土交通大臣の指示等 …………………………………………178
13　調査のための立入り等 …………………………………………178
　（1）都市計画事業の準備等のための調査についての法第25
　　　条の適用 ………………………………………………………179

（2）都道府県の決定に係る都市計画についての市町村の立
　　　　入り等 …………………………………………………………179

第4章　都市計画制限等

　1　開発行為等の規制 ………………………………………………183
　　（1）開発行為 ……………………………………………………183
　　（2）開発行為の許可 ……………………………………………183
　　（3）許可申請の手続 ……………………………………………190
　　（4）設計者の資格 ………………………………………………190
　　（5）公共施設の管理者の同意等 ………………………………191
　　（6）技術基準 ……………………………………………………192
　　（7）立地基準 ……………………………………………………198
　　（8）開発行為の変更の許可 ……………………………………209
　　（9）工事完了の検査 ……………………………………………211
　　（10）建築制限等 …………………………………………………211
　　（11）開発行為等により設置された公共施設の管理 …………211
　　（12）公共施設の用に供する土地 ………………………………212
　　（13）建築物の建蔽率等の指定 …………………………………213
　　（14）開発許可を受けた土地における建築等の制限 …………214
　　（15）開発許可を受けた土地以外の土地における建築等の制
　　　　限 ……………………………………………………………215
　　（16）許可に基づく地位 …………………………………………217
　　（17）開発登録簿 …………………………………………………218
　　（18）不服申立て …………………………………………………219
　2　田園住居地域内における建築等の規制 ………………………220
　　（1）法第52条に定める建築等の制限 …………………………220
　　（2）建築等の規制の目的 ………………………………………221
　　（3）許可制度の運用 ……………………………………………221

目　次

- 3　市街地開発事業等予定区域の区域内における建築等の規制 …………………………………………………223
  - （1）法第52条の2に定める建築等の制限 ……………223
  - （2）土地建物等の先買い等 ……………………………227
  - （3）土地の買取請求 ……………………………………227
  - （4）損失の補償 …………………………………………228
- 4　都市計画施設等の区域内における建築の規制 ……228
  - （1）建築の許可 …………………………………………229
  - （2）許可の基準 …………………………………………230
- 5　許可の基準の特例等 …………………………………232
  - （1）都市計画制限を特定の場合に限って強化する趣旨 …………232
  - （2）土地の買取り ………………………………………232
  - （3）土地の先買い等 ……………………………………234
- 6　風致地区内における建築等の規制 …………………235
- 7　地区計画等の区域内における建築等の規制 ………236
  - （1）建築等の届出等 ……………………………………236
  - （2）他の法律による建築等の規制 ……………………239
- 8　遊休土地転換利用促進地区内における土地利用に関する措置等 ……………………………………………242
  - （1）土地所有者等の責務 ………………………………242
  - （2）都市計画決定から2年経過後に遊休土地の通知をする理由 …………………………………………244
  - （3）市町村長に届け出なければならない利用又は処分に関する計画 ………………………………………245
  - （4）市町村長が勧告する計画 …………………………245
  - （5）被勧告者の報告 ……………………………………246
  - （6）買取りの強制力 ……………………………………246
  - （7）買取り価格 …………………………………………247

第5章　都市計画事業

1 都市計画事業の認可等 …………………………………………251
    （1）都市計画事業の施行者の種類 ………………………251
    （2）国の機関 ………………………………………………251
    （3）特許事業者の認可の方針 ……………………………251
    （4）都市施設についての都市計画と都市計画事業の関係 ………252
    （5）市街地開発事業と都市計画事業の関係 ……………252
    （6）都市計画事業の認可後の手続 ………………………254
    （7）第7項の趣旨 …………………………………………254
    （8）都市計画施設の区域外で事業を施行する場合 ……255
    （9）第60条の2の趣旨 ……………………………………255
    （10）第60条の3の趣旨 …………………………………256
    （11）行政機関の免許、許可、認可等 …………………256
    （12）都市計画事業の認可等の効果 ……………………257
    （13）現に施行中の都市計画事業の施行区域の拡大 …258
    （14）施行者の変更 ………………………………………258
    （15）都市計画事業の名称の変更 ………………………259

2 都市計画事業の施行 ……………………………………………260
    （1）都市計画事業の施行の障害となるおそれがある ……260
    （2）工作物の建築等についての許可があった場合の損失の補償 ……260
    （3）他の都道府県の区域内での都市計画事業における許可権者 ……261
    （4）許可基準 ………………………………………………261
    （5）第66条の趣旨 …………………………………………262
    （6）第67条の趣旨 …………………………………………262
    （7）第68条の趣旨 …………………………………………262

（8）第69条の趣旨 ……………………………………………263
　　（9）都市計画事業に関する土地収用の手続 ………………263
　　（10）第70条の趣旨 ……………………………………………264
　　（11）都市計画事業の認可等の土地収用法上の効果 ………265
　　（12）手続開始の手続 …………………………………………266

第6章　都市施設等整備協定

　　（1）都市施設等整備協定の趣旨 ………………………………271
　　（2）都市施設等の整備を行うと見込まれる者 ………………271
　　（3）都市施設等整備協定の記載事項 …………………………271
　　（4）法第75条の3の趣旨 ………………………………………273
　　（5）法第75条の4の趣旨 ………………………………………273

第7章　都市計画協力団体

　　（1）都市計画協力団体の趣旨 …………………………………277
　　（2）都市計画協力団体の対象となる者 ………………………277
　　（3）都市計画協力団体の業務 …………………………………277
　　（4）改善命令等 …………………………………………………278
　　（5）都市計画協力団体と都市再生推進法人との違い ………278

第8章　社会資本整備審議会

　　（1）社会資本整備審議会の職務 ………………………………283
　　（2）都道府県都市計画審議会の職務 …………………………283
　　（3）市町村都市計画審議会の設置 ……………………………283
　　（4）市町村都市計画審議会の権限 ……………………………285
　　（5）開発審査会の職務 …………………………………………285

第9章　その他

- （1）第80条の趣旨 ……………………………………………289
- （2）第81条の趣旨 ……………………………………………289
- （3）指定都市に移譲される都道府県の都市計画決定権限の範囲 ……………………………………………………290
- （4）指定都市による都市計画の決定手続 …………………291
- （5）指定都市等が処理し、又は指定都市等の長が行う事務 ……291

凡　例

1　本書は、都市計画法との一体利用上の利便を考慮して、条文の流れに沿った体系を採用し、「第1章　都市計画法の位置づけと概要」「第2章　都市計画の内容」「第3章　都市計画の決定及び変更」「第4章　都市計画制限等」「第5章　都市計画事業」「第6章　都市施設等整備協定」「第7章　都市計画協力団体」「第8章　社会資本整備審議会」「第9章　その他」の9章で構成している。

2　本書における法令名は、原則として正式名称で表記した。
　　ただし、文章の末尾等に根拠法令をかっこ書で示す場合は、条・項・号は、次の例によった。
　　・都市計画法第8条第1項第1号→都市計画法8Ⅰ①
　　なお、その際、都市計画法、同法施行令、同法施行規則については、次の略号で表記した。
　　・都市計画法………………法
　　・都市計画法施行令………令
　　・都市計画法施行規則……規則

3　本書の法令内容は、平成30年8月1日現在である。

最近の都市計画法改正の概要

○都市緑地法等の一部を改正する法律(平成29年法律第26号)による都市計画法の一部改正

　平成27年4月に「都市農業振興基本法(平成27年法律第14号)」が制定され、また、同法に基づく都市農業振興基本計画(平成28年5月閣議決定)において、これまでの「宅地化すべきもの」から「あるべきもの」へと都市農地の位置づけを転換すること、そのために必要な施策を打ち出すこと等が示された。

　都市計画法においては、これまで、用途地域は土地利用規制の根幹をなすものとして、市街地の大まかな土地利用の方向性を12種類の典型的な地域として示し、市街地の類型に応じた建築規制を行っていたところだが、上述のことを受け、農業の利便の増進を図りつつ、これと調和した低層住宅に係る良好な住居の環境を保護することを目的に、新たな用途地域として「田園住居地域」を創設した。

　また、農地を都市の緑空間として評価し、保全する観点から、本用途地域内の農地における建築等に関する許可制度を創設し、市町村長が許可しなければならない類型を一定規模未満の開発等に限定した。

※平成30年4月1日に施行

○都市再生特別措置法等の一部を改正する法律(平成30年法律第22号)による都市計画法の一部改正

(1) 都市施設等整備協定

　　人口減少局面に入り開発圧力が低下する中、都市計画決定された都市施設等の整備が必ずしも実現せず、当該施設の用に供することとされていた

土地やその周辺の土地の有効活用が図られていないという状況が発生している。

このため、都市計画法の一般制度として、都道府県又は市町村と都市計画に定める都市施設等の整備を行うことが見込まれる者との間において、当該施設の整備・維持に関する協定「都市施設等整備協定」を締結できる制度を創設した。

（2）都市計画協力団体

質の高いまちづくりを推進するためには、地域の実情をきめ細かに把握し、身の回りの課題に自ら対処しようとする住民団体等の主体的な取組みを後押しし、民間と行政との協働を促進することが重要である。

実際に、住民団体等の中には、地域の土地利用の状況を調査・把握し、住民の意見を集約しながら、市町村と協働して地区計画等に住民意向を反映する取組みを行っているものがある。

こうした取組みを促進し、地域の実情に応じた質の高いまちづくりが推進されるよう、都市計画法の一般制度として、住民の土地利用に関する意向の把握、土地所有者等に対する土地利用の方法に関する提案等を行う団体を法的に位置付ける「都市計画協力団体」制度を創設した。

これまで都市計画の提案制度は原則として0.5ヘクタール以上の一団の土地の区域について行うことができるとされていたが、都市計画協力団体による都市計画の決定等の提案については面積要件を無くすこととし、低未利用地を利用した身の回りの公共空間の創出など、当該団体を指定した市町村の区域内の一定の地区における小規模な都市計画の決定等の提案を行うことができることとした。

※（1）（2）ともに平成30年7月15日に施行

第1章

都市計画法の位置づけと概要

1 都市計画法の位置づけと趣旨

(1) 都市計画法の位置づけ

　都市計画法は、都市を単位とした都市計画の内容、手続、効果等を規定したものだが、我が国の土地利用計画、施設計画等は、全国レベル、ブロックレベル、都道府県レベル、都市レベル等において重層的に定められており、都市計画として適合すべき上位計画等について、それぞれ根拠法がある（図参照）。

　都市計画法は、このような上位法を受けて、各種都市計画について統一的に規定している法律である。

　次に、各種都市計画の内容については、都市計画法のほか、都市計画法を受けて別法で具体的内容を規定しており、例えば、地域地区については指定要件、指定効果等、市街地開発事業については事業内容等、都市施設については事業内容、管理内容等をそれぞれの法律で詳細に定めている。

　さらに、都市計画法が市街化区域及び市街化調整区域の区域区分の制度をはじめとして基本的な土地利用規制について定めている法律であることから、他の土地関係法制とも密接に関連している。

　以上のように都市計画法は、多数の関係法令の中に、基本的な法制度として位置づけられるものである。

第1章　都市計画法の位置づけと概要

都市計画関係法令体系

- ○土地基本法
- ○国土利用計画法
  - （国土利用計画）
  - （土地利用基本計画）

- ○国土形成計画法
- ○多極分散型国土形成促進法
- ○首都圏整備法、近畿圏整備法、中部圏開発整備法
- ○地方拠点都市地域の整備及び産業業務施設の再配置の促進に関する法律
- ○山村振興法、離島振興法
- ○その他

- 都市地域 → **都市計画法**
- 農業地域
  - ○農業振興地域の整備に関する法律
- 森林地域
  - ○森林法
- 自然公園地域
  - ○自然公園法
- 自然保全地域
  - ○自然環境保全法

（都市再開発方針等）
- ○都市再開発法
- ○大都市地域における住宅及び住宅地の供給の促進に関する特別措置法
- ○地方拠点都市地域の整備及び産業業務施設の再配置の促進に関する法律
- ○密集市街地における防災街区の整備の促進に関する法律

（地域地区）
- ○駐車場法
- ○都市緑地法
- ○生産緑地法
- ○文化財保護法
- ○古都における歴史的風土の保存に関する特別措置法
- ○流通業務市街地の整備に関する法律
- ○特定空港周辺航空機騒音対策特別措置法
- ○港湾法
- ○建築基準法　等

（促進区域）
- ○都市再生特別措置法
- ○密集市街地における防災街区の整備の促進に関する法律
- ○景観法
- ○都市再開発法
- ○大都市地域における住宅及び住宅地の供給の促進に関する特別措置法
- ○地方拠点都市地域の整備及び産業業務施設の再配置の促進に関する法律

（被災市街地復興推進地域）
- ○被災市街地復興特別措置法

1　都市計画法の位置づけと趣旨

（都市施設）	（市街地開発事業）	（地区計画等）	（その他）
○流通業務市街地の整備に関する法律 ○官公庁施設の建設等に関する法律 ○大規模災害からの復興に関する法律 ○津波防災地域づくりに関する法律 ○卸売市場法　○畜場法　○都市公園法 ○下水道法　○河川法　○運河法 ○鉄道事業法　○軌道法　○駐車場法 等	○土地区画整理法 ○都市再開発法 ○大都市地域における住宅及び住宅地の供給の促進に関する特別措置法 ○首都圏の近郊整備地帯及び都市開発区域の整備に関する法律 ○近畿圏の近郊整備区域及び都市開発区域の整備及び開発に関する法律 ○新都市基盤整備法 ○新住宅市街地開発法	○集落地域整備法 ○幹線道路の沿道の整備に関する法律 ○密集市街地における防災街区の整備の促進に関する法律 ○地域における歴史的風致の維持及び向上に関する法律	○広島平和記念都市建設法その他の特別都市建設法等 ○東日本大震災復興特別区域法 ○都市の低炭素化の促進に関する法律 ○屋外広告物法　○都市鉄道等利便増進法 ○景観法　○市民農園整備促進法 ○広域的地域活性化のための基盤整備に関する法律

5

(2) 都市計画の基本理念

　法第2条に都市計画の基本的な理念を明示しており、第1に、都市は市民の生活の場であるとともに、個人や企業の経済活動の場であるから、都市計画の究極的な目標が健康で文化的な都市生活と機能的な都市活動の双方の目的を確保することにあることを宣言している。

　第2の理念として、この目的のためには土地の利用を個人の恣意に委ねることなく、適正な制限を課することによって合理的な土地利用が図られなければならないことを明らかにしたものである。

　なお、このような理念に基づいて都市計画を策定するに際しては、都市計画の性格上、農林漁業との健全な調和を図ることに留意すべきことが述べられている。

(3) 国、地方公共団体及び住民の責務

　健康で文化的な都市生活と機能的な都市活動を確保するという都市計画の目的を実現するためには、国及び地方公共団体が都市計画の適切な遂行に努めるとともに、都市の住民も公的主体の措置に積極的に協力することが不可欠であることにかんがみ、法第3条第1項では、国及び地方公共団体の都市計画遂行の責務を規定し、第2項において都市住民の協力義務を規定している。

　また、都市計画の決定等に際しては関係住民の合意形成を図ることが重要であり、そのためには都市計画への住民参加を促進する必要があるが、一方で、都市計画制度は極めて複雑で、一般の住民には理解することが困難だという批判もある。このため、平成12年の都市計画法改正で第3項が追加され、国及び地方公共団体に対し、住民への都市計画に関する知識の普及及び情報の提供の責務を課すこととした。具体的には、都市計画制度に関する講習会や、各種のパンフレットの作成、インターネットの活用等が考えられる。

　なお、法第16条、第17条、第21条の2等において、公聴会の開催、都市計

画の案の縦覧、意見書の提出、都市計画の決定等の提案等の規定を設け、広く住民の意見を反映し、住民の協力を得るための制度を設けている。

2 都市計画が定めるもの

　都市計画は法第2条の基本理念に基づいて、法第2章の規定に従い定められるもので、その内容は土地利用、都市施設の整備及び市街地開発事業に関する計画である。すなわち都市計画は、法的規制力を背景として第1条の目的や第2条の基本理念を実現すべく定める計画である。

　旧法においては、「都市計画ト称スルハ交通、衛生、保安、防空、経済等ニ関シ永久ニ公共ノ安寧ヲ維持シ又ハ福利ヲ増進スル為ノ重要施設ノ計画」（旧法1条）としており、施設計画が中心のようでもあり、必ずしもその概念が明確でなかったが、新法においてその理念と内容がより明確化したといえよう。

3 都市計画法の規制を受ける土地

（1）都市計画区域

　「都市計画区域」とは、いわば都市計画を策定する場ともいうべきもので、健康で文化的な都市生活と機能的な都市活動を確保するという都市計画の基本理念を達成するために都市計画法その他の法令の規制を受けるべき土地として指定した区域をいう。

　具体的には、①市町村の中心の市街地を含み、かつ、自然的及び社会的条件並びに人口、土地利用、交通量等の現況及び推移を勘案して、一体の都市として総合的に整備し、開発し、及び保全する必要がある区域、②首都圏整備法等による都市開発区域その他新たに住居都市、工業都市その他の都市として開発し、及び保全する必要がある区域が都市計画区域として指定される。

　この都市計画区域は、①が自然発生的な都市計画区域であり、②は人工的に新たな都市を開発するという都市計画区域ということができよう。

第1章　都市計画法の位置づけと概要

① 　人口、就業者数その他の事項が政令で定める要件に該当する町村

　人口、就業者数その他の事項に関する要件は令第2条で定められており、次に掲げる要件のいずれかに該当している町村の中心の市街地を含む地域について都市計画区域を指定しうることとされている。

a 　当該町村の人口が1万以上であり、かつ、商工業その他の都市的業態に従事する者の数が全就業者数の50％以上であること。この場合、商工業その他の都市的業態とは国勢調査における産業分類のうち、第2次、第3次産業をいう。

b 　その時点ではaの要件に該当していなくても、当該町村の発展の動向、人口及び産業の将来の見通し等からみて、おおむね10年以内にaの要件に該当することとなると認められること。この要件は、人口集中の著しい都市の周辺の町村、高速道路のインターチェンジの建設等により急速に人口が増加することが見込まれる町村などについて適用されることになろう。

c 　当該町村の中心の市街地を形成している区域、すなわち、人口密度が1ha当たり40人を超える市街地の連担している区域及びその区域に近接した集落を含めた区域内の人口が3,000人以上であること。

d 　温泉、神社、仏閣、史跡、海水浴場等の観光資源があることにより多数人が集中するため、特に、良好な都市環境の形成を図る必要があること。

e 　火災、震災その他の災害により当該町村の市街地を形成している区域（c参照）内の相当数の建築物が滅失した場合において、当該町村の市街地の健全な復興を図る必要があること。なお、この要件は、都市計画区域が定められていない町村において、大火災、地震等の災害復旧のため土地区画整理事業（都市計画区域内でないと施行できない。）

等の都市計画に関連した事業等を実施しようとする場合に活用されることが多い（例えば、昭和40年1月東京都大島町の元町が大火により灰じんに帰し、これを復旧するため大島町に旧都市計画法が適用され、同町の区域をもって都市計画区域が定められた。）。

また、都市計画区域内については、平成7年1月の阪神・淡路大震災を機に制定された被災市街地復興特別措置法により「被災市街地復興推進地域」を定めることができることとされている。

② 一体の都市として整備、開発及び保全する区域

一体の都市として整備し、開発し、及び保全する必要がある区域の範囲は、土地利用の状況及び見通し、地形等の自然的条件、通勤、通学圏等の日常生活圏、主要な交通施設の設置の状況、社会的、経済的な区域の一体性等から総合的に判断して、都市計画を一つの単位として策定する必要がある区域である。

旧法では、市町村の行政区域を単位にして都市計画区域が指定されていたが、新法では、都市計画区域を行政区域にとらわれず指定することができることとして、都市の広域化に対処して、実質上一体の都市を対象として、各種の都市計画を総合的かつ一体的に策定し得るようにした。

③ 新たに住居都市等として開発及び保全する区域

筑波の研究学園都市のように、既存の都市とは機能的にも物理的にも独立した、いわゆるニュータウンを建設しようとする区域である。

④ 都市計画区域と行政区域との関係

旧法では、都市計画区域は「市又ハ前条ノ町村ノ区域ニ依リ」決定することとされ、しかも2以上の市にわたる都市計画区域は認められていなかった。これは市町村、特に市の行政区域が実質的な都市であると考えられていたからである。しかし、全国的に都市化現象が進み、特に大都市及びその周辺の地域にみられるように、実質的な都市が市町村の行政区域と無関係に発

第1章　都市計画法の位置づけと概要

展するようになると、都市計画区域が市町村の行政区域により決定されていたのでは必ずしも適正な都市計画の策定ができなくなる。

旧法ではこの実態とのかい離は建設大臣が都市計画をすべて自ら決定することにより補っていたが、都道府県や市町村が都市計画を決定するという新法の下では都市計画区域の単位は旧法以上に重要になる。

新法ではこのような観点から、都市計画区域は行政区域にとらわれず、実質上の都市を単位とすることとされ、具体的には、

 a　一体の都市として総合的に整備し、開発し、及び保全する必要がある区域

 b　首都圏整備法、近畿圏整備法又は中部圏開発整備法による都市開発区域その他新たに住居都市、工業都市その他の都市として開発し、及び保全する必要がある区域

が都市計画区域として指定されることになったのである。

なお、広域的な都市計画区域の例として、弘前広域都市計画区域（2市2町1村）、盛岡広域都市計画区域（2市1町）、仙塩広域都市計画区域（5市5町1村）、石巻広域都市計画区域（2市1町）、山形広域都市計画区域（3市2町）、水戸・勝田都市計画区域（3市3町1村）、宇都宮都市計画区域（3市4町）、新潟都市計画区域（2市1町）、名古屋都市計画区域（12市4町1村）、東播都市計画区域（8市2町）、大和都市計画区域（12市12町1村）、岡山県南広域都市計画区域（6市1町）、広島圏都市計画区域（4市4町）、徳島東部都市計画区域（5市3町）、熊本都市計画区域（2市3町）、那覇広域都市計画区域（5市4町2村）等が指定されている（平成28年3月31日時点）。

⑤　都市計画区域の指定の効果

 a　都市計画区域は都市計画を策定すべき場というべきものであるから、都市計画は、一部の都市計画が準都市計画区域内において、また、都市施設に関する都市計画が例外的に当該都市計画区域外において定めることができるとされているほかは、都市計画区域内において

策定される（☞法7条、8条、10条の2、10条の3、10条の4、11条、12条、12条の2、12条の4）。

b 都市計画区域内において一定の開発行為をしようとする場合においては、都道府県知事又は政令指定都市の長、中核市の長若しくは特例市の長（以下「都道府県知事等」）の許可を受けなければならない（☞法29条Ⅰ）。

　なお、平成12年の都市計画法改正後は、都市計画区域又は準都市計画区域の区域外であっても、一定規模以上の開発行為は、開発許可の対象となることとなっている（☞法29条Ⅱ）。

c 都市計画区域（都道府県が都道府県都市計画審議会の意見を聴いて指定する区域を除く。）内において建築物を建築しようとする場合においては、建築基準法に基づく建築主事の確認を受けなければならない（☞建築基準法6条）。

d 市街地開発事業は、都市計画事業で施行されるものはもちろん、非都市計画事業として施行される個人施行又は組合施行の土地区画整理事業及び住宅街区整備事業並びに個人施行の市街地再開発事業及び防災街区整備事業もすべて都市計画区域内において行われなければならない（☞土地区画整理法2条Ⅰ、大都市地域における住宅及び住宅地の供給の促進に関する特別措置法24条Ⅰ、29条ⅠⅡ、都市再開発法2条の2Ⅰ、密集市街地における防災街区の整備の促進に関する法律118条Ⅰ、119条Ⅰ）。

e 都市公園法上の都市公園とは、都市計画施設である公園若しくは緑地で地方公共団体が設置するもの及び都市計画区域内において地方公共団体が設置する公園若しくは緑地をいう（☞都市公園法2条Ⅰ）。

f 国土利用計画法に基づき規制区域を指定する要件が、都市計画区域内においては、土地の投機的取引が相当範囲にわたり集中して行われ、又は行われるおそれがあり、及び地価が急激に上昇し、又は上昇するおそれがあると認められる区域であればよいとされていて、都市

計画区域以外の区域のように、これらの事態が生じていて、その事態を緊急に除去しなければ適正かつ合理的な土地利用の確保が著しく困難と認められる必要があるという加重要件はない（☞国土利用計画法12条Ⅰ）。

　また、同法に基づき土地売買等の契約を締結しようとするときに都道府県知事に届出をしなければならない土地の規模及び遊休土地である旨を都道府県知事が認定できる土地の規模は、都市計画区域内は5,000㎡（市街化区域内にあっては、2,000㎡）以上と、都市計画区域外が1万㎡以上であるのに対して、最低規模面積が小さい（☞同法23条）。

g　公有地の拡大の推進に関する法律に基づき、都市計画区域内に所在する土地で一定のものを有償譲渡しようとするときは、都道府県知事に届け出なければならない。また、都市計画区域内に所在する200㎡以上の土地は、都道府県知事に対し買取りを希望する旨申し出ることができる（☞公有地の拡大の推進に関する法律4条、5条）。

　さらに100～200㎡の範囲内で、都道府県知事が、当該地域及びその周辺の地域における土地取引等の状況に照らし、都市の健全な発展と秩序ある整備を促進するために特に必要と認めたときは、都道府県の規制で区域を限ってその規模を定めることができることになっている。

h　土地鑑定委員会は、都市計画区域内の標準地について、毎年1回、単位面積当たりの正常な価格を公示することとなっている（☞地価公示法2条）。

i　市町村長は、都市計画区域内において、美観風致を維持するため必要があると認めるときは、一定の基準に該当する樹木又は樹木の集団を保存樹又は保存樹林として指定することができる（☞都市の美観風致を維持するための樹木の保存に関する法律2条Ⅰ）。

j　住宅地区改良法による住宅地区改良事業を施行しようとする者が改良地区の指定を国土交通大臣に申し出る場合、都市計画区域内の土地

については、都市計画審議会の議を経てしなければならない（☞住宅地区改良法4条Ⅲ）。
k 都道府県知事は、都市計画区域内の土地に係る区画整理のための土地改良事業に関し、土地改良事業計画又はその変更について審査する場合において、当該土地改良事業が道路その他の公共施設の廃止変更その他都市計画又は土地区画整理事業に影響を及ぼすおそれがあるときは、当該土地改良事業計画又はその変更について、都道府県都市計画審議会及び関係の土地区画整理組合の意見を聴かなければならない（☞土地改良法125条の2）。
l 都市計画区域内において、路外駐車場（自動車の駐車の用に供する部分の面積が500㎡以上のもの）でその利用について駐車料金を徴収するものを設置する者は、あらかじめ、その位置、規模、構造、設備その他必要な事項を都道府県知事（又は政令指定都市の長、中核市の長若しくは特例市の長）に届け出なければならない（☞駐車場法12条）。

⑥ 都市計画区域の変更

本法では、都市計画区域について、「指定」「変更」「廃止」を規定している。「指定」とは、従来都市計画区域でなかった区域を新たに都市計画区域とする場合であり、「廃止」とは、従来都市計画区域であった区域の全部を都市計画区域でなくする場合であり、これ以外の都市計画区域の異動はすべて「変更」として取り扱われる。

したがって、「変更」には1の都市計画区域の拡大又は縮小のほか、例えば2以上の都市計画区域を合併して1の都市計画区域とする場合や、1の都市計画区域を分割して2以上の都市計画区域とする場合も含まれ、合併の場合には1の都市計画区域とする「変更」を、分割の場合には2以上の都市計画区域とする「変更」を行うことをもって足り、その他の手続は不要であると解される。

⑦ 都市計画区域の指定手続

第1章　都市計画法の位置づけと概要

都市計画区域の指定手続は、都道府県が指定する場合と、2以上の都府県の区域にわたる都市計画区域を国土交通大臣が指定する場合に分かれる。その手続は次図のとおりである。

都道府県の場合

国土交通大臣指定（2以上の都府県にわたる場合）の場合

意見陳述しようとする都府県が行う。

⑧　都市計画区域の指定について大臣同意が必要である理由

　都市計画区域は都市計画決定の場となり、その指定は、都市計画決定等の権能を特定の地方公共団体に創設的に付与する効果をもつ都市計画法の中でも根幹的制度であり、また、都市計画の中には広域的・根幹的なものも含まれるので、国の施策が影響する都市計画の場としてふさわしいものとする必要がある。

　また、都市計画区域は行政区域にとらわれずに実質的な都市に着目して定められるものなので、指定等に当たっては、広域的な観点より、市町村の行政区域を超え、場合によっては都府県の行政区域を超えて、他の都市の発展との有機的な関連を考慮して定める必要がある。

　さらに、都市計画区域の指定が行われると、その区域内においては、都市計画法による開発許可をはじめ各種の土地利用制限が課されることになるの

で、これらの制限が国民の財産権に対する不当な侵害とならないよう、その区域の範囲を適正かつ合理的なものとする必要がある。

　以上の理由から、都市計画区域の指定・変更に際しては、必ず国土交通大臣の同意を得なければならないこととされている。

（２）準都市計画区域
① 準都市計画区域制度の趣旨

　準都市計画区域は、積極的な整備又は開発を行う必要はないものの、一定の開発行為、建築行為等が現に行われ、又は行われると見込まれる区域を含む一定の区域であって、そのまま土地利用を整序し、又は環境を保全するための措置を講ずることなく放置すれば、将来における一体の都市としての整備、開発及び保全に支障が生じるおそれがある区域について都道府県が定めるものである。具体的には、都市計画区域外の区域のうち、用途の混在や農地に対する開発圧力により不適切な農地の侵食等が生じ、又はモータリゼーションの進展等を背景として散発的な都市的土地利用が発生する等のおそれがある区域において、これらの問題を避けるため、土地利用の整序又は環境の保全のために必要な都市計画を定められることとした区域である。

② 準都市計画区域の指定の効果

　　a　準都市計画区域においては、土地利用の整序又は環境の保全を図るために必要な都市計画として、用途地域、特別用途地区、特定用途制限地域、高度地区、景観地区、風致地区、緑地保全地域及び伝統的建造物群保存地区に関する都市計画を定めることができる（☞法8条Ⅱ）（準都市計画区域は、都市として積極的な整備を進めるべき都市計画区域とは異なるため、都市施設や市街地開発事業に関する都市計画を定めることはできない。）。

　　b　準都市計画区域内において、一定の開発行為をしようとする場合においては、都道府県知事等の許可を受けなければならない（☞法29条Ⅰ）。

なお、平成12年の都市計画法改正後は、都市計画区域又は準都市計画区域の区域外であっても、一定規模以上の開発行為は、開発許可の対象となることとなっている（☞法29条Ⅱ）。
c　準都市計画区域（都道府県知事が都道府県都市計画審議会の意見を聴いて指定する区域を除く。）内において建築物を建築しようとする場合においては、建築基準法に基づく建築主事の確認を受けなければならない（☞建築基準法6条Ⅰ④）。
d　準都市計画区域内の用途地域の指定のない区域内においては、大規模な集客施設の立地が制限される（☞建築基準法48条ⅩⅣ）。

③　準都市計画区域の指定が想定される区域

　準都市計画区域は、都市計画区域外において都道府県が広域の観点から土地利用の整序又は環境の保全が必要な区域に指定する制度であり、道路の整備状況など自然的及び社会的条件等から判断して、大規模な集客施設が立地する可能性がある区域などについて農地を含め広く準都市計画区域に指定することが考えられる。具体的には、都市計画区域外のうち既存集落の周辺、幹線道路の沿道、高速道路のインターチェンジの周辺等を含むエリアについて広く一体的に指定することが想定される。

④　その他の法令による土地利用規制

　法第5条の2では、「自然的及び社会的条件並びに農業振興地域の整備に関する法律（昭和44年法律第58号）その他の法令による土地利用の規制の状況その他国土交通省令で定める事項に関する現況及び推移を勘案して」と規定している。その趣旨は、準都市計画区域は、そのまま土地利用を整序し、又は環境を保全するための措置を講ずることなく放置すれば、将来における一体の都市としての整備、開発及び保全に支障が生じるおそれがある場合に指定されるものであり、
　　a　人口集中地区からの距離、地理的条件、インフラの整備状況等を勘案して、開発の可能性が極めて低いと考えられる区域

b　他の法令による土地利用規制の実態に照らして開発の可能性が極めて低いと考えられる区域

については準都市計画区域に含めることは想定されないものであることから、準都市計画区域の指定に当たってこれらの事項を勘案する趣旨を明確にしたものである。

　ここでいう「その他の法令」とは、具体的には、農地法、森林法、自然公園法及び自然環境保全法並びに区域を設けて土地利用規制を行っている法律（☞港湾法等）が想定される。

⑤　都市計画区域との相違点

　都市計画区域は、都道府県が、当該区域を一体の都市として、総合的に整備、開発及び保全しようとする場合に指定するものであり、道路、公園、下水道等の都市施設の整備や、土地区画整理事業、市街地再開発事業等の市街地開発事業の実施を制度上予定しているものである。また、国土利用計画法、地価公示法、税法など他法令によっても様々な法律上の効果が付与されている。

　一方、準都市計画区域は、積極的な整備又は開発を行うべき区域ではないものの、「そのまま土地利用を整序し、又は環境を保全するための措置を講ずることなく放置すれば、将来における一体の都市としての整備、開発及び保全に支障が生じるおそれがあると認められる一定の区域」において指定されるものであり、あくまで土地利用の整序又は環境の保全のために必要な措置のみを講じる区域である。このため、このような区域を、一体の都市として積極的に整備、開発及び保全を図ることを目的とする都市計画区域とすることは、指定の趣旨が異なり適当ではない。

4　都市計画に関する基礎調査

　都市計画の策定とその実施を適切に遂行するためには、都市の現状、都市化の動向等についてできる限り広範囲なデータを把握し、これに基づいて計

第1章 都市計画法の位置づけと概要

画を策定することとしなければならない。そのため、法第6条では、都道府県がおおむね5年ごとに都市計画区域について人口規模、産業分類別の就業人口の規模、市街地の面積、土地利用、交通量等の現況及びその見通しについての調査を行わなければならない旨を規定している。

　おおむね5年ごとに基礎調査をすることとした理由は、計画論として都市計画がおおむね20年の長期的見通しのもとに策定されるものであり、また、市街化区域がおおむね10年の動向を見定めて決定することになっている（☞法7条Ⅱ）のに対し、基礎調査は定期的に繰り返す必要があり現在のように都市の流動化の激しい時代に都市の現状、都市化の動向等を正確に把握していくためには少なくとも5年ごとの調査の必要があるからである。したがって、この基礎調査の結果に基づいて、市街化区域及び市街化調整区域その他の都市計画を5年ごとに見直すべきこととなる（☞法21条Ⅰ）。

　なお、都市計画の決定・変更は、都市計画基準に従って行わなければならないが、基準の適用に当たっては、この基礎調査の結果に基づいて行わなければならないこととされている（☞法13条Ⅰ）。

　また、この調査は、その対象事項を規則で詳細に定めているが、都道府県が自ら調査を行うほか、国勢調査その他国や地方公共団体の実施する各種の調査統計を利用することを含むのは当然である。

　準都市計画区域は、土地利用の整序又は環境の保全を目的としてそれに必要な一定の都市計画のみを定める区域であり、必要がある場合に限り調査をすることとされている（調査事項については、都市計画区域のうち、準都市計画区域の性格にかんがみ必要な事項が規定されている（☞規則6条の2））。

第2章

都市計画の内容

1. 都市計画区域の整備、開発及び保全の方針

(1) 都市計画区域マスタープランとは

　都市計画は、都市計画区域を一体の都市として総合的に整備、開発及び保全することを目途として必要なものを一体的、総合的に定めるものであり、都市計画区域ごとに都市計画の目標をはじめ、土地利用、都市施設の整備、市街地開発事業に関する主要な都市計画の方針をマスタープランとしてあらかじめ明示し、それに即して具体の都市計画が定められる体系とすることがわかりやすく、また、このマスタープランの作成に当たり住民等の意見を反映させることにより、具体の都市計画を定める際の合意形成が図りやすくなるものと考えられる。

　しかし、平成12年の都市計画法改正以前は、都市計画区域のマスタープランとしては、市街化区域及び市街化調整区域の区分（線引き）を行う際の各区域の「整備、開発又は保全の方針」が、事実上のマスタープランとして機能していただけで、線引きをしない都市計画区域にはマスタープランがなかった。このため、線引きしない都市計画区域を含め、すべての都市計画区域について、都市計画手続を経て都市計画区域の整備、開発及び保全の方針（都市計画区域マスタープラン）を定めることとし、また、個々の都市計画が都市計画区域の整備、開発及び保全の方針に即して定められる旨を明文化することにより、この方針のマスタープランとしての位置づけを法律上も明確化している。

　都市計画区域マスタープランは、一体の都市として整備、開発及び保全すべき区域として定められる都市計画区域全域を対象として、都道府県が一市町村を超える広域的見地から、区域区分をはじめとした都市計画の基本的な方針を定めるものであり、都市計画区域内の各市町村の区域を対象として、住民に最も身近な地方公共団体である市町村が、より地域に密着した見地から、その創意工夫の下に市町村の定める都市計画の方針を定める市町村マスタープランとは、その役割を異にするものである。

市町村マスタープランは、法律上、都市計画区域マスタープランに即して定めなければならないこととなっている一方、市町村マスタープランの内容は、都道府県から市町村への意見聴取、市町村から都道府県への都市計画の案の申し出等の手続を通じ、都市計画区域のマスタープランに反映されることから、両者の整合性が図られることとなる。

また、両マスタープランともに都市の将来像とその実現に向けての道筋を明らかにしようとするものであり、そのために必要であれば記載事項を策定主体の判断で追加することは認められるべきであるが、自らが決定権限を有していない事項を記載するにあたっては、決定権限を有する者との間で必要な調整が図られるべきであり、都道府県と市町村の間で意見聴取、案の申し出等を行うことを通じて調整が図られるべきである。

（2）都市計画区域マスタープランの記載事項

都市計画区域のマスタープランへの記載事項は下記のとおりで、その詳細は、地方公共団体の判断に委ねられる。

  a 市街化区域及び市街化調整区域の区分（区域区分）の決定の有無及び区分する場合はその方針

  b 都市計画の目標

  c 土地利用、都市施設の整備及び市街地開発事業に関する主要な都市計画の決定の方針

市町村が決定権限を有する用途地域などの都市計画の決定方針についても、当該都市計画区域における「主要な」都市計画の決定の方針として記載することが可能であるが、その場合には、市町村から都道府県への案の申し出の手続等を通じて、市町村の意向が十分に反映されなければならない。

なお、具体的な記載内容の例としては、下記が挙げられる。

  a 区域区分の決定の有無及び区域区分を定めるときはその方針

    「区域区分の決定の有無」は、区域区分を決定するか否かを、「区域区分を定めるときはその方針」は、市街地の規模や密度構成について

の方針(いわゆる人口フレームを含む。)
  b 都市計画の目標
    都市づくりの基本理念や、人口、産業等について都市計画で実現しようとする目標
  c 土地利用、都市施設の整備及び市街地開発事業に関する主要な都市計画の決定の方針
    用途地域や大規模な風致地区に関する都市計画(「土地利用」)、根幹的な道路、公園などの都市施設に関する都市計画(「都市施設の整備」)、大規模な土地区画整理事業や市街地再開発事業に関する都市計画(「市街地開発事業」)の決定の方針等

2 区域区分

(1) 区域区分制度を設けた趣旨

　我が国の高度成長期における人口、産業等の急激な都市集中は、都市の過密化をもたらすと同時に、都市の郊外への無秩序な拡散を招き、道路、下水道のような必要最低限度の施設さえ備えないような劣悪な市街地を形成し、公共施設に対する非効率な投資や追随的な投資が余儀なくされた。このような、スプロールの弊害を除き、都市の健全で秩序ある発展を図るためには、当該都市の発展の動向等を勘案し、市街地として積極的に整備する区域と当分の間市街化を抑制する区域とを区分し、無秩序な市街化を防止することが必要であった。

　そこで、都市計画法では、都市計画の一環として、すでに市街地を形成している区域(既成市街地)とおおむね10年以内に優先的かつ計画的に市街化を図るべき区域を市街化区域とし、市街化を抑制すべき区域を市街化調整区域として定めることができることとし、この区域区分を基礎として、各種の都市計画を定め、併せて開発許可制度を適用することにより計画的な市街化を図ることができることとしたものである。

　ところで、市街化区域と市街化調整区域の区域区分制度は、これまで、法

律本則において、都市計画区域は全て区域区分を行うものとしつつ、附則で、当分の間、大都市等政令で定めた都市計画区域のみ制度の対象とし、区域区分を行うかどうかは、国が定める仕組みであった。

　しかし今日においては、都市への人口や諸機能の集中は沈静化し、安定・成熟した都市型社会が到来しており、区域区分についても、都市計画区域ごとに、その適用の必要性を判断することが適切な状況となってきたため、平成12年都市計画法改正により、区域区分をするか否かを、都市計画区域を定めた都道府県が、地域の実情を踏まえて、都市計画区域のマスタープランの中で判断する仕組みとなった。ただし、依然開発圧力が高く、計画的に市街化を進める必要性が法律上規定されている三大都市圏の既成市街地、近郊整備地帯等及び政令指定都市を含む都市計画区域については、引き続き区域区分を義務づけることとしている。その後、平成25年都市計画法施行令改正により、区域区分を定めるべき都市計画について、指定都市の区域の全部又は一部を含む都市計画区域のうち、その区域内の人口が50万未満であるものを除くこととした。

　また、平成23年都市計画法改正により、平成24年4月1日以降は、指定都市の区域においては、指定都市が区域区分を行うことができることとされた。

（2）区域区分を行った場合に生ずる法的効果

　市街化区域及び市街化調整区域の区域区分を行うことに伴い、都市計画法その他の法律により、多数の法的効果が生じるが、その主なものは、次の表のとおりである。

	市街化区域	市街化調整区域
①他の都市計画		
▽地域地区	少なくとも用途地域を定める。	原則として用途地域を定めない。
▽都市施設	少なくとも道路、公園及び下水道を定める。	

▽その他	市街地開発事業、促進区域等は市街化区域において定める。	
②開発許可	良好な市街地の形成の視点から、宅地に一定の水準を保たせるための技術基準（空地の配置、道路の設計、給排水施設等に関する基準）に合致していれば許可される。	左記の基準に合致したうえ、次のような立地基準に合致したものについてのみ許可されうる。 ▽日常生活に必要な店舗等、鉱物資源・観光資源の利用のための施設、農林水産物の貯蔵・加工のための施設等の用に供するもの ▽前記以外でも、周辺の市街化を促進するおそれがなく、かつ、市街化区域内において行うことが困難又は著しく不適当なもの。例えば、農家の二・三男が分家する場合の住宅等の用に供するもの ▽その他
③他の制度		
▽農地転用	農地転用許可が不要となり、農業委員会への届出で足りる。	農地の転用については都道府県知事等の許可を要する。
▽農振法	農振地域を指定してはならない。	
▽国土利用計画法	土地に関する権利の移転等の届出は、2,000㎡以上の土地についてしなければならない。	左記の届出は、5,000㎡以上の土地についてしなければならない。
▽税制	市街化区域内農地に対する固定資産税の宅地並み課税の制度等が存する。	

（3）区域区分と開発許可の関係

　いわゆるスプロールの弊害を除去し、都市住民に健康で文化的な生活を保

障し、機能的な経済活動の運営を確保するためには、総合的な土地利用計画を確立し、その実現を図ることが必要であることから、都市計画法では、都市計画区域を、すでに市街地を形成している区域及びおおむね10年以内に優先的かつ計画的に市街化を図るべき区域としての市街化区域と当面市街化を抑制する区域としての市街化調整区域に区分できることとして、段階的かつ計画的に市街化を図ることとしているものである。

　そして、このような市街化区域及び市街化調整区域の制度を担保するものとして創設されたのが開発許可制度である。すなわち、市街化区域及び市街化調整区域において、主として建築物の建築又は特定工作物の建設の用に供する目的で行う土地の区画形質の変更（開発行為）を都道府県知事等の許可に係らしめ、開発行為に対して一定の水準を保たせるとともに、市街化調整区域にあっては計画的市街化を図る上で支障のない一定の例外的なものを除き開発行為を行わせないこととして、市街化区域及び市街化調整区域の制度を裏づけているわけである。

　なお、開発許可制度は、市街化区域及び市街化調整区域以外の区域においても、開発行為に対して一定の水準を保たせることを目的として、一定規模以上の開発行為について適用されている。

（4）区域区分と都市計画区域との関係

　市街化区域及び市街化調整区域の決定は、一般に「線引き」といわれているように、「都市計画区域を区分して」定めるものであるから、市街化区域及び市街化調整区域を定めた場合は、都市計画区域はその両区域のいずれかに必ず含まれることになる。

　また、都市計画区域は、いわば都市計画が策定され、都市計画に関する事務が施行される場であり、すでに市街地を形成しているか又は優先的かつ計画的に市街化を図る市街化区域と市街化を抑制する市街化調整区域の両方を含むのが原則であるが、市街地が連担している大都市圏においては、旧法当時の市の行政区域単位の都市計画区域が存続している場合など例外的に市街

化区域のみの都市計画区域もありうる（なお、広域的な都市計画区域においては、行政区域の全域が市街化調整区域となっている町村は存在する。）。しかし、都市計画は、その趣旨からみて、市街化調整区域のみの都市計画区域はあり得ないと解される。

（5）すでに市街地を形成している区域

「すでに市街地を形成している区域」とは、以下のa、bの区域のうち集団農地以外の区域及びこれらの既成市街地に接続して現に市街化しつつある土地の区域である（☞令8条Ⅰ、規則8条）。

a 50ha以下のおおむね整形の土地の区域ごとに算定した場合における人口密度が1ha当たり40人以上である土地の区域が連担している土地の区域で、当該区域内の人口が3,000人以上であるもの

b aの土地の区域に接続する土地の区域で、50ha以下のおおむね整形の土地の区域ごとに算定した場合における建築物の敷地その他これに類するものの面積の合計が当該区域の面積の3分の1以上であるもの

（6）おおむね10年以内に優先的かつ計画的に市街化を図るべき区域

「おおむね10年以内に優先的かつ計画的に市街化を図るべき区域」は、既成市街地の周辺部と新市街地との各々について、以下のように取り扱うこととすべきである。

既成市街地の周辺部として市街化区域に編入する区域は、次に掲げる条件の全てを満たすことが望ましい。

a 既成市街地に連続していること。
b 現に相当程度宅地化している区域であること。
c おおむね10年で既成市街地になることが見込まれること。

新市街地は、市街地の発展の動向、当該区域の地形、自然条件及び交通条件を配慮し、かつ、都市施設を効果的に配置し、整備することができるよう定めることが望ましい。

（7）昭和42年宅地審議会第6次答申

　現行の市街化区域及び市街化調整区域の区域区分制度における市街化調整区域の性格は、昭和42年3月にまとめられた宅地審議会の「都市地域における土地利用の合理化を図るための対策に関する答申（第6次答申）」による4地域の区分の考え方を基礎としている。この4地域区分は、増大し続けるのであろう大量の開発需要に対して、環境、利便、公共投資の効率等を勘案して、都市及びその周辺部の各地域にわたって、できる限り好ましい順序と形態によって受け入れることを目的にしたものであり、次の4地域ごとに、公共投資、開発規制、農地保全等の施策を地域の趣旨に沿った形で総合的に実施することを内容としている。

　　a　既成市街地
　　　　連担市街地及びこれに接続して市街化しつつある地域
　　b　市街化地域
　　　　一定期間内に計画的に市街化すべき地域
　　c　市街化調整地域
　　　　a、b及びd以外の地域であり、一定期間市街化を抑制又は調整する必要がある地域
　　d　保存地域
　　　　地形等から開発が困難な地域、歴史、文化、風致上保存すべき地域、緑地として保存すべき地域

　これらの4地域区分のうち、cの市街化調整地域、及びdの保存地域の考え方を踏まえて、現行法の市街化調整区域の制度ができているが、cの市街化調整地域の考え方は、いずれは開発される可能性はあるが、開発の構想も市街化のための公共投資の計画も未定の地域であって、開発は原則として当分の間待たせておく地域であるが、自ら必要な施設の整備も行う計画的な開発であれば許容するものである。

　このようなことから考えると、現行法の市街化調整区域は、保存を図るため市街化を抑制すべき区域と開発予備軍だが当面市街化を抑制すべき区域の

双方の性格を有したものと理解すべきである。

(8) 農林漁業との調整

　市街化区域及び市街化調整区域に関する都市計画は、都市計画区域を単位として定められる基幹的な土地利用計画であるから、当該区域における現在又は将来の農林漁業に関する土地利用及び諸政策に直接重大な関連を有することとなる。このような観点から、都市計画法では、都市計画が農林漁業との健全な調和を図りつつ定められるべきことを基本理念として定め（☞法2条）、さらに市街化区域に関する都市計画について、国土交通大臣又は都道府県知事がこれを定め、又は同意しようとするときは、農林水産大臣にあらかじめ協議すべきことを規定し（☞法23条Ⅰ）、農林漁業との調整を図ることとしている。区域区分の有無の判断又は区域区分の設定若しくは変更にあたっては、農林漁業との健全な調和を図る観点から農林担当部局との間で事前に調整することが望ましいが、農林担当部局との間で区域区分の決定又は変更に関する調整を行う場合には、当該区域区分の決定又は変更に係る区域の規模及び根拠となる人口若しくは産業の規模を明らかにするとともに、これらの内容が都市計画区域マスタープランにおいて定めている区域区分の方針に即したものであることを明らかにして協議を行うことが望ましい。

　　〈参考：都市計画運用指針Ⅳ―2―1―Ⅱ）―B―4〉

(9) 農業振興地域との関係

　農業振興地域とは、農業の健全な発展及び国土資源の合理的利用の見地から、今後相当長期（おおむね10年以上）にわたり総合的に農業の振興を図るべき地域であり、農業振興地域の整備に関する法律第6条第1項の規定により、都道府県知事が指定する。この地域の指定は、農業の健全な発展を図るとともに、土地の有効利用を目的とするものであるから、当然に都市計画との関連性が問題となるが、同法において、農業振興地域整備基本方針は都市計画と調和を保つように定め（☞農業振興地域の整備に関する法律4条Ⅲ）、さらに市街化区域と定められた区域で農林水産大臣との協議が整ったものにつ

いては、農業振興地域の指定はしてはならないとされている（☞同法6条Ⅲ）。なお市街化調整区域については、積極的に農業振興地域の指定を行うこととされている。

〈通達「農業振興地域の整備に関する法律の運用について」昭和44年10月1日農林省農政局長通達〉

さらに、建設省は農林水産省と農業振興地域の整備に関する法律の運用に関して都市計画との調整の取扱いを取り決めており、これに基づいて、建設省及び農林水産省から通達が出され、これにより相互の調整が図られることになっている。

〈通達「農業振興地域の整備に関する法律の施行に伴う農業振興地域の指定等と都市計画との調整の手続について」昭和45年2月21日建設省都市計画課長通達〉

3 都市再開発方針等

（1） 都市再開発方針等

「都市再開発方針等」とは、法第7条の2第1項各号に掲げる方針、すなわち、①都市再開発法の規定による都市再開発の方針、②大都市地域における住宅及び住宅地の供給の促進に関する法律の規定による住宅市街地の開発整備の方針、③地方拠点都市地域の整備及び産業業務施設の再配置の促進に関する法律の規定による拠点業務市街地の開発整備の方針及び④密集市街地における防災街区の整備の促進に関する法律の規定による防災街区整備方針をいう。

都市計画区域について定められる都市計画は、都市再開発方針等に即したものでなければならない。

（2） 都市再開発方針等をそれぞれ独立させる理由

都市再開発の方針、住宅市街地の開発整備の方針、拠点業務市街地の開発整備の方針、防災街区整備方針は、従来市街化区域及び市街化調整区域の区

分（区域区分）を前提として、「市街化区域及び市街化調整区域の整備、開発又は保全の方針」の中に位置づけられていたが、平成12年の都市計画法の改正で創設された「都市計画区域の整備、開発及び保全の方針」は、区域区分の上位に位置する都市計画であり、区域区分を前提とするこれらの方針を位置づけることができなくなることから、それぞれ独立した都市計画として位置づける必要が生じたものである。

なお、各個別法に規定されているこれらの方針の内容について、実質的な変更を行うものではない。

4 地域地区

（1）地域地区とは

「地域地区」とは、法第8条第1項各号に掲げる地域、地区又は街区をいうものである。すなわち、都市の区域内の土地は機能的に異なるいくつかの地域に分化するが、このような土地利用に計画性を与え、適正な制限のもとに土地の合理的な利用を図ることは都市計画上最も重要なことの一つである。そのため、都市計画区域内の土地をどのような用途に利用すべきか、どの程度に利用すべきかなどということを地域地区に関する都市計画として定め、建築物の用途、容積、構造等に関し一定の制限を加え、あるいは土地の区画形質の変更、木竹の伐採等に制限を加えることにより、その適正な利用と保全を図ろうとしたのである。

（2）地域地区の規制の概要

地域地区に関する都市計画の規制の内容は、おおむね次表のとおりである。

種　　　類	制限規定	制限対象	制限の手続	備　　考
用途地域 　第1種低層住居 　専用地域 　第2種低層住居	建築基準法48条、52条〜57条	建築物の用途、容積率、建蔽率、敷地面積、前面道路斜線制限、	建築主事の確認、特定行政庁の特例許可	容積率及び敷地面積、商業地域以外における建蔽率、第1種・

専用地域 第1種中高層住居専用地域 第2種中高層住居専用地域 第1種住居地域 第2種住居地域 準住居地域 田園住居地域 近隣商業地域 商業地域 準工業地域 工業地域 工業専用地域		隣地斜線制限（第1種・第2種低層住居専用地域、田園住居地域以外のみ）、北側斜線制限（第1種・第2種低層住居専用地域、田園住居地域、第1種・第2種中高層住居専用地域のみ）、日影規制（商業地域、工業専用地域以外のみ） 第1種・第2種低層住居専用地域、田園住居地域においては、外壁の後退距離（必要な場合）、高さの限度		第2種低層住居専用地域における外壁の後退距離及び高さの限度並びに第1種・第2種低層住居専用地域、田園住居地域及び工業専用地域以外における特例容積率適用地区は都市計画で定める。
特別用途地区	建築基準法49条、地方公共団体の条例	建築物の用途	建築主事の確認、条例で定める手続	
特定用途制限地域	建築基準法49条の2、地方公共団体の条例	建築物の用途	建築主事の確認	
特例容積率通用地区	建築基準法57条の2～57条の4	容積率の限度	建築主事の確認	
高層住居誘導地区	建築基準法52条、56条、57条の2	住宅割合が3分の2以上の建築物に係る容積率、前面道路斜線制限、隣地斜線制限（必要な場合には建蔽率、敷地面積）	建築主事の確認	容積率、建蔽率、敷地面積は都市計画で定める。

高度地区	建築基準法58条	建築物の高さの限度	建築主事の確認	
高度利用地区	建築基準法59条	建築物の容積率、建蔽率、建築物の建築面積（必要な場合には壁面の位置の制限）	建築主事の確認、特定行政庁の特例許可	
特定街区	建築基準法60条	建築物の容積率、高さの限度、壁面の位置の制限	建築主事の確認	
都市再生特別地区	建築基準法60条の2	建築物の用途、容積率、建蔽率、建築面積、高さの限度、壁面の位置の制限	建築主事の確認	
防火地域、準防火地域	建築基準法61条、62条	建築物の構造等	同　上	
特定防災街区整備地区	建築基準法67条の2	建築物の構造、敷地面積（必要な場合には壁面の位置の制限、間口率、高さの制限）	建築主事の確認	
景観地区	景観法62条～73条、建築基準法68条、地方公共団体の条例	建築物の形態意匠、高さの限度、壁面の位置、敷地面積、工作物の形態意匠、高さの限度、壁面後退区域における工作物の設置	市町村長の認定、建築主事の確認、条例で定める手続	
風致地区	都市計画法58条、地方公共団体の条例	建築、宅地造成、木竹伐採等	条例で定めるところにより規制	

第2章　都市計画の内容

駐車場整備地区	駐車場法20条、地方公共団体の条例	大規模建築物に対する駐車施設の設置	条例による義務づけ	
臨港地区	港湾法40条、40条の2、41条、58条	建築物その他の構築物の建設等	地方公共団体の条例	分区を指定した場合に制限が働くこととなる
歴史的風土特別保存地区	古都における歴史的風土の保存に関する特別措置法8条	建築物その他の工作物の設置、宅地造成その他の土地の区画形質の変更、木竹の伐採等	府県知事の許可	指定都市にあっては市長の許可、原則として建築が禁止される
第1種歴史的風土保存地区 第2種歴史的風土保存地区	明日香村における歴史的風土の保存及び生活環境の整備等に関する特別措置法3条	同　　上	奈良県知事の許可	
緑地保全地域	都市緑地法8条	おおむね同上	都道府県知事への届出	
特別緑地保全地区	都市緑地法14条	おおむね同上	都道府県知事の許可	
流通業務地区	流通業務市街地の整備に関する法律5条	建築物その他の施設の建設等	法律により一定のものを禁止、建築物については建築主事の確認、都道府県知事の特例許可	指定都市及び中核市にあっては市長の特例許可
生産緑地地区	生産緑地法8条	建築物その他の工作物の新築等、宅地造成、土石採取その他の土地の形質の変更、水面の埋立て干拓	市町村長の許可	

伝統的建造物群保存地区	文化財保護法142条、143条、市町村の条例	建築物その他の工作物の建設、宅地造成その他の土地の形質の変更、木竹の伐採等	市町村の長及び教育委員会の許可	
航空機騒音障害防止地区、航空機騒音障害防止特別地区	特定空港周辺航空機騒音対策特別措置法5条	学校、病院、住宅等の建築	構造制限又は建築禁止、建築主事の確認、都道府県知事の許可	

（3）地域地区内の制限に関する法律

本条に基づき地域地区内における建築物その他の工作物に関する制限を定めた法律としては次のようなものがある。

地域地区の種類	法律名
① 用途地域、特別用途地区	建築基準法 48—50条、52—57条
② 特定用途制限地域	〃 49条の2
③ 特別容積率適用地区	〃 52条の2、52条の3
④ 高層住居誘導地区	〃 52条、56条、57条の5
⑤ 高度地区	〃 58条
⑥ 高度利用地区	〃 59条
⑦ 特定街区	〃 60条
⑧ 都市再生特別地区	〃 60条の2
⑨ 防火地域　準防火地域	〃 61—67条の2
⑩ 特定防災街区整備地区	〃 67条の2
⑪ 景観地区	景観法 63条、72条、建築基準法 68条
⑫ 駐車場整備地区	駐車場法 20条、20条の2
⑬ 臨港地区	港湾法 40条
⑭ 歴史的風土特別保存地区	古都における歴史的風土の保存に関する特別措置法 8条
⑮ 第1種歴史的風土保存地区 第2種歴史的風土保存地区	同上

⑯	緑地保全地域	都市緑地法　5条
	特別緑地保全地区	都市緑地法　14条
⑰	流通業務地区	流通業務市街地の整備に関する法律　5条
⑱	生産緑地地区	生産緑地法　8条
⑲	伝統的建造物群保存地区	文化財保護法　143条
⑳	航空機騒音障害防止特別地区	特定空港周辺航空機騒音対策特別措置法　5条

5　用途地域

（1）用途地域における規制

用途地域における具体的な規制については次の表のとおりである。

5 用途地域

形態制限一覧

		第一種低層住居専用地域	第二種低層住居専用地域	第一種中高層住居専用地域	第二種中高層住居専用地域	第一種住居地域	第二種住居地域	準住居地域	田園住居地域	近隣商業地域	商業地域	準工業地域	工業地域	工業専用地域	都市計画区域内の用途地域の指定のない区域
容積率 (%)		※ 50、60、80、100、150、200		※ 100、150、200、300、400、500					※ 50、60、80、100、150、200	※ 100、150、200、300、400、500	※ 200、300、400、500、600、700、800、900、1000、1100、1200、1300	※ 100、150、200、300、400、500	※ 100、150、200、300、400	※ 100、150、200、300、400	* 50、80、100、200、300、400
幅員最大の前面道路の幅員が12m未満の場合		幅員(m)×0.4		幅員(m)×0.4(**×0.6)					幅員(m)×0.4	幅員(m)×0.6(**×0.4又は0.8)					
建蔽率 (%)		※ 30、40、50、60							※ 30、40、50、60	※ 50、60、80	※ 80	※ 50、60、80	※ 30、50、60	※ 30、40、50、60、70	*
外壁の後退距離 (m)		※ 1、1.5							※ 1、1.5						
絶対高さの制限 (m)		※ 10、12							※ 10、12						
適用距離 (m)		20、25、30		20、25、30、35					20、25、30	20、25、30、35、45、50	20、25、30、35		20、25、30		
斜線制限 道路斜線 勾配		1.25		1.25(**×1.5)(注4)(注5)					1.25	1.5			1.5		*1.25、1.5
隣地斜線 立上がり (m)				20(**×31)(注4)						31			31		*20、31
勾配				1.25(**×2.5)(注4)						2.5(**なし)			2.5		*1.25、2.5
北側斜線 立上がり (m)		5		10(注6)					5						
勾配		1.25		1.25(注6)											
日影規制 対象建築物		軒高7m超又は3階以上		10m超					軒高7m超又は3階以上	10m超		10m超			★軒高7m超又は3階以上、10m超
測定面 (m)		1.5		★4、6.5					1.5	★4、6.5		★4.5			★1.5、4
規制値 5mラインの時間		3、4、5		★4、5					★3、4、5	★4、5		★4.5			★3、4、5
10mラインの時間		2、2.5、3		2.5、3					2、2.5、3	★2.5、3		★2.5、3			★2、2.5、3
敷地面積規模制限の下限値		※200㎡以下の数値		※200㎡以下の数値					※200㎡以下の数値	※200㎡以下の数値		※200㎡以下の数値			

注1) ※印を付けた制限は都市計画で定めるものを示す。
注2) ★印を付けた制限は特定行政庁が土地利用の状況等を考慮して当該区域を区分して都市計画審議会の議を経て定めるものを示す。
注3) **印を付けた制限は特定行政庁が都市計画審議会の議を経て指定する区域内の数値を示す。
注4) 指定容積率400%、500%の区域内に限る。　注5) 前面道路幅員が12m以上の場合で、かつ前面道路の1.25倍以上の範囲においては、1.5とする。
注6) 日影規制対象区域内を除く。　注7) *印を付けた制限は条例で定めるものを示す。
注8) 指定建蔽率80%かつ防火地域にある耐火建築物を除く。

第2章 都市計画の内容

用途地域内の建築物の用途に関する制限

例　示	第一種低層住居専用地域	第二種低層住居専用地域	第一種中高層住居専用地域
住宅、共同住宅、寄宿舎、下宿			
兼用住宅のうち店舗、事務所等の部分が一定規模以下のもの			
幼稚園、小学校、中学校、高等学校			
幼保連携型認定こども園			
図書館等			
神社、寺院、教会等			
老人ホーム、福祉ホーム等			
保育所等、公衆浴場、診療所			
老人福祉センター、児童厚生施設等	1)	1)	
巡査派出所、公衆電話所等			
大学、高等専門学校、専修学校等	■	■	
病院	■	■	
2階以下かつ床面積の合計が150㎡以内の一定の店舗、飲食店等	■		
〃　　　500㎡以内　　　〃	■	■	
上記以外の店舗、飲食店等	■	■	■
事務所等	■	■	■
ボーリング場、スケート場、水泳場等	■	■	■
ホテル、旅館	■	■	■
自動車教習所	■	■	■
床面積の合計が15㎡を超える畜舎	■	■	■
マージャン屋、ぱちんこ屋、射的場	■	■	■
勝馬投票券発売所、場外車券売り場等	■	■	■
カラオケボックス等	■	■	■
2階以下かつ床面積の合計が300㎡以下の自動車車庫			
倉庫業を営む倉庫、3階以上又は床面積の合計が300㎡を超える自動車車庫（一定規模以下の付属車庫等を除く）	■	■	■
倉庫業を営まない倉庫			

5 用途地域

第二種中高層住居専用地域	第一種住居地域	第二種住居地域	準住居地域	田園住居地域	近隣商業地域	商業地域	準工業地域	工業地域	工業専用地域	都市計画区域内で用途地域の指定のない区域
									▓	
									▓	
								▓	▓	
									▓	
									▓	
				1)						
			▓					▓		
			▓							
									12)	
				8)					12)	
2)	3)	5)	5)				5)	5)12)		5)
2)	3)									
▓	3)							▓		
▓	3)									
▓	3)									
▓	3)									
▓								▓		
▓		5)	5)				5)		5)	
▓										
▓										
2)	3)			9)						

第2章　都市計画の内容

例　示	第一種低層住居専用地域	第二種低層住居専用地域	第一種中高層住居専用地域
劇場、映画館、演芸場、観覧場、ナイトクラブ等			
劇場、映画館、演芸場若しくは観覧場、ナイトクラブ等、店舗、飲食店、展示場、遊技場、勝馬投票券発売所、場外車券売場等でその用途に供する部分の床面積の合計が10,000㎡を超えるもの			
キャバレー、料理店等			
個室付浴場業に係る公衆浴場等			
作業場の床面積の合計が50㎡以下の工場で危険性や環境を悪化させるおそれが非常に少ないもの			
作業場の床面積の合計が150㎡以下の工場で危険性や環境を悪化させるおそれが少ないもの			
作業場の床面積の合計が150㎡を超える工場又は危険性や環境を悪化させるおそれがやや多いもの			
危険性が大きいか又は著しく環境を悪化させるおそれがある工場			
自動車修理工場			
日刊新聞の印刷所			
火薬、石油類、ガス等の危険物の貯蔵、処理の量が非常に少ない施設			
〃　　　少ない施設			
〃　　　やや多い施設			
〃　　　多い施設			

☐ 建てられる用途　　■ 建てられない用途

1) 一定規模以下のものに限り建築可能
2) 当該用途に供する部分が2階以下かつ1,500㎡以下の場合に限り建築可能
3) 当該用途に供する部分が3,000㎡以下の場合に限り建築可能
4) 当該用途に供する部分が50㎡以下の場合に限り建築可能
5) 当該用途に供する部分が10,000㎡以下の場合に限り建築可能
6) 当該用途に供する部分（劇場、映画館、演芸場は客席）が200㎡未満の場合に限り建築可能
7) 当該用途に供する部分が150㎡以下の場合に限り建築可能
8) 農産物直売所、農家レストラン等に限り建築可能
9) 農作物又は農業の生産資材の貯蔵に供するものに限り建築可能
10) 農作物の生産、集荷、処理又は貯蔵に供するもの（著しい騒音を発生するものを除く）に限り建築可能
11) 当該用途に供する部分が300㎡以下の場合に限り建築可能
12) 物品販売業を営む店舗及び飲食店は建築不可
13) 当該用途に供する部分（劇場、映画館、演芸場は客席）が10,000㎡以下の場合に限り建築可能

5 用途地域

第二種中高層住居専用地域	第一種住居地域	第二種住居地域	準住居地域	田園住居地域	近隣商業地域	商業地域	準工業地域	工業地域	工業専用地域	都市計画区域内で用途地域の指定のない区域
			6)							13)
				10)						
				10)						
	4	4)	7)		11)	11)				
2)	3)									

第2章　都市計画の内容

（２）用途地域における制限の目的、内容、根拠

　用途地域における容積率制限、建蔽率制限、外壁の後退距離制限、絶対高さ制限、斜線制限等の目的、内容、根拠等は、それぞれ次のとおりである。

①　容積率制限（☞建築基準法52条）

　容積率制限は、建築物の密度を規制することにより、建築物が道路、下水道等の公共施設に与える負荷と公共施設の供給・処理能力との均衡を図るとともに、採光、日照、通風、開放感等の市街地環境を総合的に確保することを目的として行われている。

　建築物の密度を規制する方法として容積率（建築物の延べ面積の敷地面積に対する割合）を採用しているのは、発生集中交通量等の公共施設に対する負荷が一般的には建築物の延べ面積におおむね比例して増加することから、容積率について規制を行うことが最も合理的と考えられるためである。

　公共施設の供給・処理能力との均衡等の目的からする建築物の密度規制は、市街地建築物法の時代から絶対高さ制限（住居地域は20m以下、その他は31m以下）により行われてきたが、昭和38年に建築物の密度をより合理的に規制するために容積地区制度が創設され、部分的に容積率制限を行うこととされた。さらに、昭和45年に用途地域を8種類としたことと併せて、都市計画区域内では全面的に容積率制限を適用することとされた。

　平成14年には、地域ごとのまちづくりの多様な課題や現場の土地利用の状況に対して適切な数値を選択できるようにするため、選択肢を拡充し、最大値については、住居系地域で500％、商業系地域で1,300％まで選択できることとし、最小値についてもそれまでより低い選択肢を追加した。

容積率制限の考え方（容積率200％の場合の例）

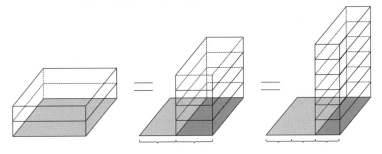

容積率の規制値は、それぞれ以下のような空間イメージで定めたものである。

a 第1種・第2種低層住居専用地域、田園住居地域（50、60、80、100、150、200％）

建蔽率（30、40、50、60％）

200％ 建蔽率60％で3階建て程度を許容するため（絶対高さ10～12m）

50％ 建蔽率30％で2階建て程度を許容するため

b 第1種・第2種中高層住居専用地域（100、150、200、300、400、500％）

建蔽率（30、40、50、60％）

500％ 建蔽率60％で8階建て程度を許容するため

100％ 建蔽率30％で3階建て程度を許容するため

c 第1種・第2種住居地域、準住居地域（100、150、200、300、400、500％）

建蔽率（50、60、80％）

500％ 建蔽率80％で6階建て程度を許容するため（旧法による高さ制限20m～6階建て）

100％ 建蔽率50％で2階建て程度を許容するため

d 近隣商業地域（100、150、200、300、400、500％）

建蔽率（60、80％）

500％　建蔽率80％で6階建て程度を許容するため

100％　建蔽率60％で2階建て程度を許容するため

e　準工業地域（100、150、200、300、400、500％）

建蔽率（50、60、80％）

500％　建蔽率80％で6階建て程度を許容するため

100％　建蔽率50％で2階建て程度を許容するため

f　工業地域（100、150、200、300、400％）

建蔽率（50、60％）

400％　建蔽率60％で6階建て程度を許容するため

100％　建蔽率50％で2階建て程度を許容するため

g　工業専用地域（100、150、200、300、400％）

建蔽率（30、40、50、60％）

400％　建蔽率60％で6階建て程度を許容するため

100％　建蔽率30％で3階建て程度を許容するため

h　商業地域（200、300、400、500、600、700、800、900、1,000、1,100、1,200、1,300％）

建蔽率（80％）

1,300％　建蔽率80％で地上14階、地下2階程度を許容するため

400％　建蔽率80％で5階建て程度を許容するため（平成4年改正までの下限）

200％　用途上は商業地域なみの規制にするべきであるが、形態上は良好な環境の市街地として整備することが適切な地域（現在の下限）

i　無指定区域（50、80、100、200、300、400％）

建蔽率（30、40、50、60、70％）

用途地域等による土地利用の目標が明確に定められていない地域であることから、過大な権利制限となることのないよう、都市計画審議

会の議を経て、特定行政庁が土地利用の状況等を考慮し定めるものである。

② **建蔽率制限**（☞建築基準法53条）

建蔽率制限（建築物の建築面積の敷地面積に対する割合）は、敷地内に一定の空地を確保することにより、日照、採光、通風等の環境を確保するとともに、火災等に対する防災上の安全性を確保することを目的として行われている。

建蔽率は、市街地建築物法の時代から、地域に応じて原則として60％から80％までの範囲で制限が行われており、現行法においても基本的にはこれを引き継ぎ、昭和45年に用途地域を8種類としたことと併せてほぼ現行の建蔽率制限に近い内容に整理されている。その後、昭和49年に工業専用地域のメニューの拡充が、昭和51年に第2種住居専用地域のメニューの拡充が、平成4年に無指定区域のメニューの特例の創設が平成12年には、無指定区域のメニューの拡充と70％を原則としない旨の改正が行われている。

さらに、平成14年には、一部の用途地域については、建蔽率の制限値が一つに限定されて選択の余地がなかったことから、地方公共団体が地域の特性に応じて制限値を採用できるよう選択肢を拡充した。

それぞれの用途地域における建蔽率制限の数値の根拠は、それぞれ次のとおりである。

建蔽率制限の考え方（建蔽率50％の場合の例）

a　第1種・第2種低層住居専用地域、第1種・第2種中高層住居専用地域、田園住居地域（30、40、50、60％）

(ⅰ) 専用住宅地としての良好な環境を確保するため建蔽率を抑える必要があること、過大な制限とならないこと等を勘案して、建蔽率の範囲を定めたものである。

(ⅱ) 上限の60％は、住宅地として最低限必要な水準として定めたもので、市街地建築物法においても同様の建蔽率を定めていたものである。

(ⅲ) 下限の30％は、現在の敷地規模等の実情からみて一般的規制として過大な制限とならない限度として定めたものである。

b 工業専用地域（30、40、50、60％）

(ⅰ) 工場、各種プラント類等の立地に伴う環境の悪化を防止し都市の生活環境を保護する必要があること、過大な制限とならないこと等を勘案して、建蔽率の範囲を定めたものである。

(ⅱ) 上限の60％は、工業地として最低限必要な水準として、60％と定めたものである。

(ⅲ) 下限の30％は、工場、各種プラント類等の立地に伴う環境の悪化を防止する必要性を踏まえ、一般的規制として過大な制限とならない限度として定めたものである。

c 第1種・第2種住居地域、準住居地域、準工業地域（50、60、80％）、工業地域（50、60％）

(ⅰ) 用途の混在を許容しつつ、居住環境を保全する必要があること、過大な制限とならないこと等を勘案して、建蔽率の範囲を定めたものである。

(ⅱ) 上限の80％は、広い幹線道路の沿道など、市街地環境保全上は敷地内に空地を確保する必要がなく、また、騒音に対する後背地の防音効果など、高建蔽率が必要とされる場合があることから定めたものである。

(ⅲ) 下限の50％は、高容積率が指定された場合の市街地環境を保全する必要性を踏まえ、一般的規制として過大な制限とならない限度と

して定めたものである。

 d **近隣商業地域（60、80%）、商業地域（80%）**

  商業地としての土地利用の高度化に対応する必要があること、商業地は一般的に不燃化が進み防災上も支障がないこと等を勘案して建蔽率の値を定めたものである。

 e **無指定区域（50、60、80%）**

  用途地域等による土地利用の目標が明確に定められていない地域であることから、過大な権利制限となることのないよう、都市計画審議会の議を経て、特定行政庁が土地利用の状況等を考慮し定めるものである。

③　建築物の敷地面積（☞建築基準法53条の2）

　建築物の敷地面積の最低限度規制は、敷地内にまとまった空地を確保することにより建蔽率制限、日影規制等による日照、採光、通風等の環境の確保の効果を十分なものとするとともに、敷地内の間口、奥行き等の距離を確保することにより斜線制限等による著しく不整形な建築形態を防止し、良好な市街地環境の保護を図ることを目的として、平成4年の改正により設けられたものである。

　建築物の敷地面積の数値限度規制は、第1種、第2種低層住居専用地域についてのみ適用されるものだったが、低層住居専用地域以外でもミニ開発による市街地環境の悪化が見受けられたことから、平成14年の改正により、全ての用途地域に適用を拡充した。

　具体的な規制内容については、過大な制限にならないよう留意して、200㎡以下で都市計画で定めることとしている。

④　外壁の後退距離制限（☞建築基準法54条）

　外壁の後退距離制限は、低層住宅に係る良好な住居地域の環境を保護することを目的とする第1種・第2種低層住居専用地域、田園住居地域で、敷地境界線から建築物を一定距離以上引き離すことにより、日照、通風、採光、

延焼防止、プライバシーの確保等に寄与することを目的として行われている。

この制限は、市街地建築物法の時代から、地域に応じて行政官庁が定める距離により規制が行われており、建築基準法創設時から、空地地区に限って1m又は1.5mの距離により規制が行われてきたものを引き継いだものである。

⑤ 絶対高さ制限（☞建築基準法55条）

第1種・第2種低層住居専用地域、田園住居地域における絶対高さ制限は、低層住宅に係る採光、日照、通風、開放感等良好な住居の環境を保護するため、地域内に建築できる建築物を一定階数以下の低層建築物に限定することを目的として行われている。

この制限は、昭和45年に用途地域を8種類とした際、従前の住居専用地区を第1種・第2種住居専用地域とし、このうち第1種住居専用地域については低層住宅に係る良好な環境の確保の必要性、従前の高度地区の指定状況等を踏まえて、新たに10mの絶対高さ制限が設けられ、さらに昭和62年の建築基準法の改正で新たに12mの制限を設け、都市計画において定めることができることとされたものである。

絶対高さ制限の規制値の根拠は、それぞれ次のとおりである。

a　10mの絶対高さ制限

若干の小規模な3階建てが混在する2階建て住宅地を想定して、10mと定めたものである。

b　12mの絶対高さ制限

地区の大半が低層住宅で占められているが、土地の高度利用の傾向が強く、敷地条件によっては一般的な3階建てが可能となるほか、屋根の平らな4階建て可能となる場合を想定して、12mと定めたものである。

⑥ 道路斜線制限（☞建築基準法56条Ⅰ①）

道路斜線制限は、市街地において重要な開放空間である道路及び沿道の建築物の採光、通風等の環境を確保することを目的として行われている。採光、通風等の環境を確保するためには、一定の天空率を確保することを基本的な考え方とし、具体的には、建築物の高さは、前面道路の反対側の境界線及び隣地境界線までの距離に応じて決まる一定の高さ以下でなければならないこととされている。

⑦ 隣地斜線制限（☞建築基準法56条Ⅰ②）

隣地斜線制限は、隣接する建築物相互の採光、通風等の環境を確保することを目的として行われている。

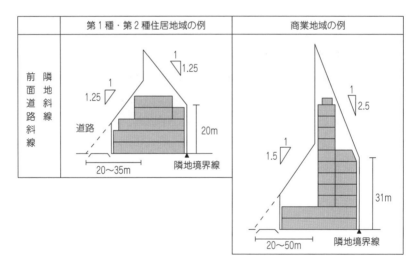

⑧ 北側斜線制限（☞建築基準法56条Ⅰ③）

北側斜線制限は、第1種・第2種低層住居専用地域、田園住居地域、第1種・第2種中高層住居専用地域において、特に日照、採光、通風等に影響の大きい建築物の北側部分を制限し、低層住宅地又は中高層住宅地としての環境を保護することを目的として行われている。

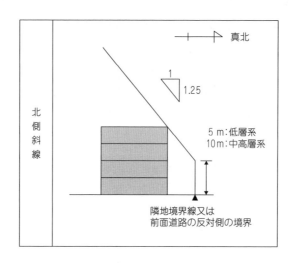

⑨ 日影規制（☞建築基準法56条の２）

　日影規制は、昭和45年の建築基準法の改正により創設されたものであり、日照紛争件数の増大、地域的な拡大等を踏まえて、住宅地における居住環境を保護するための公法上の規制として、一定の地域において中高層建築物による一定時間以上の日影を一定範囲内におさめさせ、それら地域における日照等の環境を地域レベルで確保することとしたものである。

　具体的な規制内容については、商業地域、工業地域及び工業専用地域を除く用途地域並びに無指定区域のうち、地方公共団体の条例で指定する対象区域について、条例で具体的な制限内容を定めることとなる。

6 特別用途地区

　特別用途地区は、用途地域内の一定の地区において、当該地区の特性にふさわしい土地利用の増進、環境の保護等の特別の目的の実現を図るため、当該用途地域の指定を補完して定める地区である。

　特別用途地区の種類については、従来法令において11の類型（中高層階住居専用地区、商業専用地区、特別工業地区、文教地区、小売店舗地区、事務所地区、厚生地区、娯楽・レクリエーション地区、観光地区、特別業務地区、研究開発地区）が定められていた。しかしながら、地域の特性や実情に応じたまちづくりを推進するためには、広い意味での地方分権の一環として、市町村がその創意工夫の下に、住民の意向も踏まえつつ、多様なニーズに応じた柔軟な対応ができることが望ましい。このような観点から、平成10年の改正において、特別用途地区の類型を予め法令により限定せず、市町村が具体の都市計画において定めることができることとされたところである。

　特別用途地区の趣旨は、主として、用途地域による用途規制について、制限を加重したり緩和したりすることによって、当該地区の特別の目的を果たそうとするものであり、制限の内容は地方公共団体の条例により定めることとされている。ただし、用途地域による用途規制を緩和する場合には、一般的制限に重大な例外を設けることとなるので、国土交通大臣の承認を要することとされている（☞建築基準法49条）。

　なお、特別用途地区における建築物の敷地、構造又は建築設備に関する制限で、当該地区の指定の目的のために必要なものも、地方公共団体が条例で定めることができる（☞同法50条）。

　特別用途地区は、用途地域の指定の目的を基本とし、これを補完して定められるものであるから、ベースとなる用途地域との関係を十分に考慮した上で、当該地区の特性にふさわしい土地利用の増進、環境の保護等、実現を図るべき特別の目的を明確に設定して、適切な位置及び規模で定めるべきもの

である。この場合、特定の建築物の建築を禁止することのみを目的とする等、まちづくりについて積極的な目的を有しない特別用途地区の指定は妥当ではなく、目的の設定は、目指すべき市街地像を実現する上で適切なものとなるよう、総合的なまちづくりの観点から行われるべきものである。

なお、用途地域と特別用途地区を適切に組み合わせることが重要であることから、特別用途地区の指定に当たっては、必要に応じ、用途地域の指定・変更について併せて検討が行われることが望ましい。

7 特定用途制限地域

近年、非線引き白地地域において、パチンコ屋、風俗関係施設等当該地域の居住環境に支障を与える用途の建築物や、公共施設に著しく大きな負荷を発生させる大規模な店舗、レジャー施設等の建築物が立地し、当該区域の良好な環境の形成、保持に支障が生じている事例が散見されるところである。

また、平成12年の都市計画法の改正による線引き制度の選択制の導入に伴い、線引きを廃止した場合、従前市街化調整区域であった区域は非線引き白地地域となり、用途面から特段の土地利用規制が行われなくなることから、周辺の環境悪化をもたらすような建築物の立地が進むおそれがある。

このため、線引きの選択制の導入と併せ、良好な環境の形成又は保持を図る観点から必要な土地利用規制を課すことを目的として、特定の用途の建築物その他の工作物の立地のみを規制する特定用途制限地域制度が導入されたものである。

具体的には、多数人が集中することにより周辺の公共施設に著しく大きな負荷を発生させる建築物（大規模な店舗、ホテル、レジャー施設等）、騒音、振動、煤煙等の発生により周辺の良好な居住環境に支障を生じさせるおそれのある建築物（大規模な工場、パチンコ屋、モーテル、カラオケボックス等）などが想定される。

なお、非線引き都市計画区域における用途地域の決定は、市町村の権限となっていることから（☞法15条Ⅰ）、非線引き白地地域を対象とした制度であ

る特定用途制限地域については、すべて市町村決定とされている。

8 特例容積率適用地区

（1）特例容積率適用地区制度とは

　密集市街地の整備を促進するためには、防災空地の確保や緑地の保全等を図りつつ、これらの未利用容積を活用することにより、区域内の建築物の建替を促進していくことが求められている。また、更新時期を迎える老朽マンションについても、容積率制限に不適格なものが多いことに鑑みると、防災空地や緑地の未利用容積を活用し、建替に必要な容積率を確保できるようにすることが、その建替の促進を図っていく上で有効である。

　このため、平成16年の改正により、商業地域において容積の移転を行うことができる「特例容積率適用区域」制度について、商業地域以外の用途地域（第1種低層住居専用地域、第2種低層住居専用地域、田園住居地域、工業専用地域を除く。）においても適用できるよう拡充し、商業地域以外の地域において防災空地や緑地の確保を図りつつ密集市街地の整備や老朽マンションの建替促進のために活用できることとするため、商業地域の都市計画の決定事項としての「特例容積率適用区域」を廃止し、新たな地域地区として「特例容積率適用地区」を創設したものである。

（2）特例容積率適用地区制度における敷地間の容積の移転

　特例容積率適用地区においては、建築基準法第57条の2の規定により、土地所有者等の申請に基づき、特定行政庁が当該敷地について、特例容積率の限度を指定することにより、敷地間の容積の移転が可能となる。

（3）特例容積率適用地区の特徴

　敷地間の未利用の容積移転については、地区計画等他の制度でも可能であるが、地区計画は地区の様々な状況に応じて、予め目指すべき市街地像を定め、事前に、かつ、詳細に容積の分配を行うものであるのに対して、特例容積率適用地区は、都市計画においては、原則、位置及び区域のみを定めるに

とどめ、具体的な容積移転については、土地所有者等の申請に基づく特定行政庁の指定に委ねることで、土地所有者等の発意と合意を尊重する形で、区域内の容積の移転を簡易かつ迅速に行う点に特徴がある。

このため、区域の範囲及び区域内における公共施設の整備水準については、区域内における様々な容積移転のケースを想定した上で、適正さを勘案すべきである。

9 高層住居誘導地区

(1) 高層住居誘導地区の規制内容

　高層住居誘導地区は、主として既成市街地において高層住宅の立地を誘導すべき混在系の用途地域（第1種・第2種住居地域、準住居地域、近隣商業地域、準工業地域）内でそれらの用途地域による指定容積率が400％又は500％である地区について、住宅に対して容積率に関するインセンティブを与えるとともに、形態制限について高容積の住宅の立地を誘導する市街地に相応しいものに緩和することにより、高層住宅の建設を誘導し、都心地域等において住宅の立地が確保された職住近接の都市構造を実現するために、平成9年6月の改正により創設された制度である。

　具体的には、高層住居誘導地区内の建築物で、住宅割合が3分の2以上のものについて、次のような建築制限の合理化措置が講じられる。

　　a　住宅に係る容積率インセンティブ

　　　当該建築物がある用途地域による指定容積率（400％又は500％）以上からその1.5倍以下で住宅の床面積の割合に応じて算定した数値までの範囲内で、当該高層住居誘導地区に関する都市計画において定められた容積率を適用する（☞建築基準法52条Ⅰ⑤）。

　　b　前面道路幅員による容積率制限の緩和

　　　第1種・第2種住居地域及び準住居地域内においては、前面道路幅員による容積率制限を商業地域等その他の用途地域並みの数値とする（☞幅員×0.4→幅員×0.6。同法52条Ⅱ）。

c 斜線制限の緩和

　第1種・第2種住居地域及び準住居地域内においては、道路斜線制限及び隣地斜線制限を商業地域等その他の用途地域並みの数値とする（☞同法56条Ⅰ①・②）。

　また、高層住居誘導地区内の全ての建築物については、日影規制の適用については、第56条の2第1項に規定する対象地域外にある建築物とみなされる（☞同法57条の5Ⅳ）。

（２）高層住居誘導地区において定める建蔽率の最高限度と敷地面積の最低限度

　高層住居誘導地区においては、住宅に対して容積率インセンティブを与えることにより、高容積の住宅の立地を誘導することを前提として、これに相応しい形態制限を適用するものであるが、そのためには、住宅の立地が制度的に許容される市街地において最低限確保すべき環境水準を確保することが必要である。

　高層住居誘導地区による高層住宅の立地を図る場合、地区における最低基準としての環境水準は、基本的には適用される形態制限により確保されるべきものであるが、個々の地区で最低限確保すべき環境水準は公共施設の整備の状況や敷地の状況により幅をもったものであり、また、地区において住宅に対して適用される容積率の最高限度も一定の幅をもって決定されるため、一律に形態制限を非住居系用途地域並みへの緩和を行うことは適当ではなく、地区の実情に応じて、必要な環境水準を確保しつつ、高容積の住宅の立地を促進するという政策目的と調和させるための措置を講ずることが必要な場合がある。

　このため、高層住居誘導地区による高層住宅の立地により当該地区における住居の環境の最低基準が損なわれることのないよう、地区の実情に応じて建築物の建蔽率の最高限度及び敷地面積の最低限度を定めることとしている。

このうち、建蔽率の最高限度は、地区内において十分な公園等の空地が確保されていない場合に、建蔽率を強化して定めることにより、空地の量をより多く確保し、市街地環境の確保を確実なものとするものである。また、敷地面積の最低限度は、高容積の住宅の立地を誘導することに伴い地価が上昇する過程にあるなど敷地の細分化が進展する懸念が強い場合や、現況として敷地規模が狭小である場合において、敷地の細分化の防止、敷地の統合の促進を図るために定めることにより、市街地環境の確保、維持を確実なものとするものである。

10 高度地区

　高度地区とは、「用途地域内において市街地の環境を維持し、又は土地利用の増進を図るため、建築物の高さの最高限度又は最低限度を定める地区」であり、この地区内においては建築物の高さは、高度地区に関する都市計画において定められた内容に適合するものでなければならないこととされている（☞建築基準法58条）。

　すなわち、高度地区においては、地区内の建築物の高さの制限を定めるものであるが、建築物の高さの最低限度を定めるもの（最低限高度地区）と最高限度を定めるもの（最高限高度地区）の2種類があり、最低限高度地区は市街地中央部の商業地、業務地、駅前周辺、周辺住宅地等の区域で、特に土地の高度利用を図る必要があるものについて指定し、最高限高度地区は建築密度が過大となるおそれがある市街地の区域で、商業系の地域内の交通その他の都市機能が低下するおそれのある区域、住居系の地域内の適正な人口密度及び良好な居住環境を保全する必要のある区域等について指定することとされている。

11 高度利用地区

　高度利用地区とは、用途地域内の市街地における土地の合理的かつ健全な高度利用と都市機能の更新とを図るため、建築物の容積率の最高限度及び最

低限度、建蔽率の最高限度、建築面積の最低限度並びに壁面の位置の制限を定める地区である。このように、地区における規制内容が土地利用に重大な影響を与えることから、その地区の指定に当たっては事業の見通し、建築活動の実態、土地利用の状況等を十分勘案して指定するよう指導されている。特に都市再開発法に基づく市街地再開発事業に関する都市計画は、高度利用地区内において行うことができることとなっている（☞都市再開発法3条Ⅰ、同法3条の2Ⅰ）ので、高度利用地区の指定にあっては、市街地再開発事業の施行との関連について留意する必要がある。

12 特定街区

　特定街区とは、市街地の整備改善を図るため街区の整備又は造成が行われる地区であり、特定街区においては、容積率、建築物の高さの最高限度及び壁面の位置の制限が都市計画で特別に定められ、用途地域内での容積率、建蔽率、高さ、斜線制限等の一般的な規制は全て適用されないこととされている（☞建築基準法60条）。

　このため特定街区に関する都市計画の案を定める場合は、土地所有者等の利害関係を有する者の同意を得なければならないこととされている（☞法17条Ⅲ）。

　特定街区は、このように街区単位で特別に容積率等を定めることができることから、敷地内に一般の基準より多くの有効空地を確保した市街地環境上望ましい計画を誘導するため、容積率の割増をインセンティブとする運用を行っている。また、敷地ごとの容積率を個別に制限することができることから、一体のまとまりある計画の中で容積率を配分（いわゆる容積率の移転）の手法としても活用が可能であり、将来にわたり移転元と移転先の容積率を都市計画として担保することができるものである。

13 都市再生特別地区

(1) 都市再生特別地区とは

　平成14年に制定された都市再生特別措置法では、都市開発事業等を通じて緊急かつ重点的に市街地の整備を推進すべき地域として都市再生緊急整備地域を設けたが、都市再生の拠点である同地域において、民間の資金やノウハウなどを活かした都市開発を誘導するためには、都市計画上も、民間の計画に対応して既存の用途地域等による制限を緩和することができる事前明示性の高い仕組みを構築することが必要であったことから、そのための制度として都市再生特別地区が創設された。

　都市再生特別地区は、都市再生緊急整備地域内において定めることができる地域地区であり、既存の用途地域等による制限に代わり、誘導すべき用途や容積率、高さ等の必要な事項を都市計画に定めることにより、民間事業者等による都市開発を積極的に誘導し、地区の特性に応じた良好な市街地を実現させるものである。

(2) 都市再生特別地区に定める事項

　都市再生特別地区に関する都市計画には、

　　a　建築物その他の工作物の誘導すべき用途（当該地区の指定の目的のために必要な場合に限る。）
　　b　建築物の容積率の最高限度（400％以上の数値を定めるものに限る。）及び最低限度
　　c　建築物の建蔽率の最高限度
　　d　建築物の建築面積の最低限度
　　e　建築物の高さの最高限度
　　f　壁面の位置の制限

を定めることとされている（☞都市再生特別措置法36条Ⅱ）。

　都市再生特別地区においては、既存の用途地域等による容積率の制限等を

緩和する方向で定めることはできるが、建蔽率の最高限度、低層住居専用地域における絶対高さ制限等は、既存の用途地域に関する都市計画で定められたものを緩和することはできない。また、用途規制については、既存の用途地域に関する都市計画では認められない用途も誘導すべき用途として定めることができるが、既存の用途地域に関する都市計画で認められる用途を制限することはできない。

（3）都市再生特別地区内の建築制限

都市再生特別地区内の建築制限は、以下のとおりである。

- a 都市再生特別地区においては、建築物の容積率及び建蔽率、建築物の建築面積並びに高さは、都市再生特別地区に関する都市計画において定められた内容に適合するものでなければならない。ただし、容易に移転し、又は除却することができる建築物等については、この限りではない（☞建築基準法60条の2Ⅰ）。

- b 都市再生特別地区においては、建築物の壁又はこれに代わる柱は、都市再生特別地区に関する都市計画において定められた壁面の位置の制限に反して建築することができない。ただし、容易に移転し、又は除却することができる建築物等については、この限りではない（☞同法60条の2Ⅱ）。

- c 都市再生特別措置法に関する都市計画において定められた誘導すべき用途に適合する建築物については、用途規制（☞同法48条）及び特別用途地区の規制（☞同法49条）は適用しない（☞同法60条の2Ⅲ）。

- d 都市再生特別地区内の建築物については、斜線制限（道路、隣地、北側）（☞同法56条）は適用しない（☞同法60条の2Ⅴ）。

- e 都市再生特別地区内の建築物については、日影規制（☞同法56条の2）は適用しない。ただし、当該地区外にある日影規制の対象区域内に日影を生じさせる建築物については、日影規制が適用される（☞同法60条の2Ⅵ）。

f 都市再生特別地区内の建築物については、高度地区の高さ制限（☞同法58条）は適用しない（☞同法60条の２Ⅴ）。

14 居住調整地域

（１）居住調整地域とは

　立地適正化計画の区域（市街化調整区域を除く。）のうち、当該立地適正化計画に記載された居住誘導区域外の区域については、居住調整地域を定めて、住宅地化を抑制することができる。居住調整地域は、人口減少等の社会背景の中で、都市構造を集約化して都市の機能を維持していく必要性が高まっていることを踏まえ、今後、産業施設等としての利用は見込まれるものの、住宅地化を抑制しようとする区域について定める地域地区である。

（２）居住調整地域内の開発行為等の規制

　居住調整地域においては、開発許可に当たって、技術基準とともに立地基準も適用され、３戸以上の住宅の建築目的の開発行為、住宅の建築目的の開発行為であってその規模が1,000㎡以上のもの、寄宿舎や有料老人ホームなど人の居住の用に供する建築物のうち地域の実情に応じて条例で定めたものの建築目的の開発行為等が規制されることとなる。

15 特定用途誘導地区

（１）特定用途誘導地区とは

　立地適正化計画に記載された都市機能誘導区域のうち、当該都市機能誘導区域に係る誘導施設を有する建築物の建築を誘導する必要があると認められる区域（法第８条第１項第１号に規定する用地地域（工業専用地域を除く。）が定められている区域に限る。）について、特定用途誘導地区を定めることができる。

　特定用途誘導地区は、誘導施設への支援措置の一つである容積率等の特例措置を担保する制度であり、誘導すべき用途に限定して容積率や用途規制の

緩和を行う一方、それ以外については従前通りの規制を適用することにより、誘導施設を有する建築物の建築を誘導することを目的とするものである。用途地域やそれを補完する特別用途地区、地区計画等は、建築物等の用途に応じて、単に建築を禁止又は許容するものだが、人口減少社会において、活発な建築活動も見込みにくくなる中で、用途地域等により建築物の用途に応じて建築を禁止するだけでなく、民間の建築投資を必要な場所に誘導することが重要であることから、特定用途誘導地区の活用が望まれる。

(2) 特定用途誘導地区に定める事項

特定用途誘導地区に関する都市計画には、

　　a　建築物等の誘導すべき用途及びその全部又は一部を当該用途に供する建築物の容積率の最高限度

　　b　当該地区における土地の合理的かつ健全な高度利用を図るため必要な場合にあっては、建築物の容積率の最低限度及び建築物の建築面積の最低限度

　　c　当該地区における市街地の環境を確保するため必要な場合にあっては、建築物の高さの最高限度

を定めることとされている（☞都市再生特別措置法109条Ⅱ）。

(3) 特定用途誘導地区内の建築制限

特定用途誘導地区内の建築制限は、以下のとおりである。

　　a　特定用途誘導地区内においては、建築物の容積率及び建築物の建築面積は、特定用途誘導地区に関する都市計画において建築物の容積率の最低限度及び建築物の建築面積の最低限度が定められたときは、それぞれ、これらの最低限度以上でなければならない。ただし、容易に移転し、又は除却することができる建築物等については、この限りではない（☞建築基準法60条の3Ⅰ）。

　　b　特定用途誘導地区内においては、建築物の高さは、特定用途誘導地区に関する都市計画において建築物の高さの最高限度が定められたと

きは、当該最高限度以下でなければならない。ただし、特定行政庁が用途上又は構造上やむを得ないと認めて許可したものについては、この限りではない（☞同条Ⅱ）。
c　特定用途誘導地区内においては、地方公共団体は、その地区の指定の目的のために必要と認める場合においては、国土交通大臣の承認を得て、条例で、用途規制（☞同法48条）を緩和することができる（☞同法60条の3Ⅲ）。

16　防火地域及び準防火地域

　防火地域及び準防火地域は、市街地における火災の危険を防除するため定める地域である。これらの地域における規制は建築基準法第61条から第67条の2までの規定により定められており、一定の建築物を耐火建築物又は準耐火建築物にし、あるいは建築物の屋根、開口部の戸、外壁等について防火構造にするなど防火上の観点からの規制を行っている。なお、防火地域内の耐火建築物については建蔽率が緩和されている。

17　景観地区

　平成16年の景観法の制度により創設された景観地区は、市街地の良好な景観の形成を図るために定める地域地区である。このため、既に良好な景観が形成されている地区のみならず、現在、良好な景観が保たれていないが、今後良好な景観を形成していこうとする地区について、幅広く活用することが可能とされているものである。

　景観地区においては、規制を担保するための手法として、景観地区内の建築物及び工作物の形態意匠についての市町村による計画の認定制度が整備されている（☞景観法63条Ⅰ及び72条Ⅱ）。また、開発行為及び景観法施行令第21条各号の行為について、条例で良好な景観を形成するため必要な規制をすることができることとされており、規制を担保するために、条例で、これらの行為をしようとする場合に市町村長の許可を受けなければならない旨を定

めることとされている（☞景観法73条及び同法施行令22条②）。

　これらの仕組みにより、一義的・定量的に定めることが難しく、また、適当でないことが多い建築物や工作物の色やデザイン等の制限、開発行為等の一定の行為に対する規制について、裁量的・定性的な基準として定め、市町村が建築物等の計画とこれらの基準との適合性を裁量的に判断することにより、地域の景観の質を能動的に高めていくことが可能としているものである。

18　風致地区

　風致地区は都市の風致を維持するために定める地区であり、受忍義務の範囲内で自然的要素に富んだ土地の自然的景観をなるべく残そうとするものである。

　風致地区内の制限は、政令（☞風致地区内における建築等の規制に係る条例の制定に関する基準を定める政令）で定める基準の範囲内で都道府県又は市町村の条例で定めることとされており、都市環境を維持し、都市内の自然を保護するために、建築物等の建築、土地の形質の変更、木竹の伐採等の行為を都道府県知事又は市町村の長の許可に係らしめることにより、制限することとしている。

19　駐車場整備地区

　駐車場整備地区内における規制については駐車場法において定められている。すなわち、駐車場整備地区内において一定規模以上の建築物を新築又は増築等をしようとする者等に対し、条例で、駐車施設を設けなければならない旨を定めることができることとされており（☞駐車場法20条、20条の２）、また、市町村は、駐車場整備地区を定めた場合は、路上駐車場及び路外駐車場双方に係る総合的な駐車場整備に関するマスタープランである駐車場整備計画を定めることが義務づけられている。

20 臨港地区

（1）法第8条の臨港地区と港湾法第38条の臨港地区との関係

　法第8条の規定に基づく臨港地区は都市計画区域内について都道府県が国土交通大臣の同意を受けて定めるものであり、港湾法第38条の規定に基づく臨港地区は、都市計画区域以外の地域について港湾管理者が定めるものである。しかし、それぞれの臨港地区内における建築物の用途の規制については、いずれの臨港地区とも、港湾管理者としての地方公共団体の条例により規制が行われることになる。

（2）臨港地区の規制内容

　臨港地区内における規制については港湾法により定められている。すなわち、臨港地区内において一定の行為を行う場合には、原則として港湾管理者に届け出ることを要し（☞港湾法38条の2Ⅰ）、港湾管理者が臨港地区内において分区を指定した場合には（☞同法39条）、分区の区域内において、各分区の目的を著しく阻害する建築物その他の構築物であって、港湾管理者としての地方公共団体の条例で定めるものを建設してはならず、また、建築物その他の構築物を改築し、又はその用途を変更して当該条例で定める構築物としてはならないとされている（☞同法40条Ⅰ）。また、この場合、建築基準法第48条及び第49条の規定は、分区については適用されない（☞港湾法58条Ⅰ）。

21 歴史的風土特別保存地区等

　歴史的風土特別保存地区は、京都市、奈良市、鎌倉市等の歴史上意義を有する建造物、遺跡等が周囲の自然的環境と一体をなして古都における伝統と文化を具現し及び形成している土地の状況を保存するために定められる地区である。「古都における歴史的風土の保存に関する特別措置法」（以下「古都保存法」という。）によれば、国土交通大臣は、古都における歴史的風土を保存するため必要な土地の区域を歴史的風土保存区域として指定し、保存計画

を決定するが（☞古都保存法5条Ⅰ）、この歴史的風土保存区域のうち歴史的風土の保存上枢要な部分を構成している地域について歴史的風土特別保存地区を都市計画に定めるものである（☞同法6条Ⅰ）。

これに対し、第1種及び第2種歴史的風土保存地区は、昭和55年に制定された「明日香村における歴史的風土の保存及び生活環境の整備等に関する特別措置法」（以下「明日香法」という。）により、我が国の律令国家体制が初めて形成された時代である飛鳥時代における歴史的風土が良好に維持されている奈良県高市郡明日香村の歴史的風土を保存するため定められる地区であり、明日香村の全域を区分して第1種歴史的風土保存地区と第2種歴史的風土保存地区を都市計画に定めるものである（☞明日香法3条Ⅰ）。第1種歴史的風土保存地区は歴史的風土の保存上枢要な部分を構成していることにより、現状の変更を厳に抑制し、その状態において歴史的風土の維持保存を図るべき地域であり、第2種歴史的風土保存地区は、著しい現状の変更を抑制し、歴史的風土の維持保存を図るべき地域とされているが、いずれも歴史的風土特別保存地区であるとの位置づけがされており、その区域内における規制は、古都保存法によって行われている（☞明日香法3条Ⅱ・Ⅲ）。

これらの地区における制限としては、区域内においては、①建築物等の建築、②土地の形質の変更、③木竹の伐採、④土石の採取、⑤建築物等の色彩の変更、⑥屋外広告物の表示・掲出等は、知事の許可を受けなければしてはならないこととされており、知事は、政令で定める基準に適合しないものについては許可してはならないこととされている（☞古都保存法8条）。政令で定める基準は、第2種歴史的風土保存地区以外（第1種歴史的風土保存地区及び明日香村以外の歴史的風土特別保存地区）と第2種歴史的風土保存地区におおむね区分して設けられているが、前者の基準は、例えば、農業等の用に供するための作業小屋等の新築については高さが5mを超えず、床面積が30㎡を超えず、かつ、形態及び意匠が周辺の歴史的風土と著しく不調和でないことと相当厳格なものとされており、後者の基準は、この場合に高さは10mを超えてはならないが、床面積の制限はないなど、前者の基準に比べて、比較

的緩やかなものとされている。

　なお、これらの地区内においては、このように強い規制が行われるため、知事の許可が得られない場合の損失補償及び土地の買入れの制度が設けられている（☞同法９条及び11条）。

22 特別緑地保全地区、緑地保全地域及び緑化地域

（１）特別緑地保全地区

　特別緑地保全地区は、昭和48年の都市緑地保全法の制定により緑地保全地区として創設され、平成16年の改正により名称が改正されたもので、都市計画区域内において、樹林地、草地、水辺地、岩石地等の緑地で良好な自然的環境を形成しているものを現状凍結的に保全し、良好な都市環境の形成を図ろうとするものである。

　制限内容としては、特別緑地保全地区内では①建築物等の建築、②土地の形質の変更、③木竹の伐採、④水面の埋立て・干拓等の行為について、都道府県知事の許可が必要であることとされ、都道府県知事（市の区域内にあっては、当該市の長。以下「都道府県知事等」という。）は、当該行為が緑地の保全上支障があると認めるときは、許可をしてはならないこととされている（☞都市緑地法14条）。また、このように強い規制が行われるため、都道府県知事の許可が得られない場合の損失補償及び土地の買入れの制度が設けられている（☞同法16条及び17条）。

（２）緑地保全地域

　上記の特別緑地保全地区は、行為の許可制により現状凍結的に緑地の保全を行うものであるが、地域の状況や保全すべき緑地の内容に応じて適正に緑地の保全を推進するためには、柔軟かつ効果的に緑地保全施策が講じられるよう、特別緑地保全地区よりも規制の緩やかな緑地保全制度を充実することが必要であるため、平成16年の改正により、許可制により緑地の保全を行う

緑地保全地区の制度のほか、以下のように行為の届出制により緑地の保全を行う緑地保全地域制度を創設した。

緑地保全地域内では、①建築物等の建築、②土地の形質の変更、③木竹の伐採、④水面の埋立・干拓等の行為について、都道府県知事等への届出が必要であるとされ、都道府県知事等は、緑地の保全に必要があるときは、緑地保全計画に定める基準に基づき、届出をした者等に対して、当該行為の禁止、制限や必要な措置を講ずることを命ずることができるとされている（☞同法8条関係）。また、この命令を受けたため損失を受けた場合の損失補償の制度が設けられている（☞同法10条）。

（3）緑化地域

加えて、平成16年の改正により、用途地域内において、建築物の緑化率の最低限度を定める緑化地域を都市計画に定めることができる緑化率規制の制度を創設した。緑化地域内においては、敷地面積が政令で定める規模以上の建築物の新築又は増築をしようとする場合には、都市計画に定められた緑化率の最低限度以上の緑化率としなければならないこととされている。また、緑化率規制については、その敷地の周囲に広い緑地を有する建築物であって良好な都市環境の形成に支障を及ぼすおそれがないと認めて市町村長が許可した建築物等に対しては、適用されないこととされているとともに、市町村長は、緑化率の規制に違反している事実があると認めるときは、建築物の新築をした者等に対し、違反を是正するために必要な措置をとることを命ずることができることとされている。

なお、首都圏又は近畿圏においては、それぞれ首都圏近郊緑地保全法、近畿圏の保全区域の整備に関する法律により、特別緑地保全地区の都市計画を定めるに当たっての基準が定められており、いずれも、国土交通大臣が指定する近郊緑地保全区域内の一定の土地において、都市計画として定めることができることとされている。さらに、首都圏又は近畿圏において定められた特別緑地保全地区は、特に、近郊緑地特別保全地区と称しているが、制限内

容は一般の特別緑地保全地区と同様である。

23 生産緑地地区の規制内容等

　生産緑地地区制度は、市街化区域内において、農林漁業と調和した都市環境の保全などの生活環境の確保に相当の効用があり、かつ、各種公共公益施設のための多目的保留地としての機能も持つすぐれた農地等を都市計画上、地域地区として位置づけて計画的に保全しようとするものである。
　従来、生産緑地地区は1種と2種に分かれ、その指定要件、存続要件等に違いがあったが、平成2年の改正により統合された。
　生産緑地地区は農地等として営農行為が継続されることによりその機能が維持されるものであり、その規制としては、①建築物等の建築、②土地の形質の変更、③水面の埋立て・干拓等の行為について市町村長の許可に係らしめ、生産緑地地区の指定目的である環境機能及び多目的保留地機能の存続に反する行為を認めないこととしている（☞生産緑地法8条）。

24 流通業務地区

　流通業務市街地の整備に関する法律により、都道府県知事は、主務大臣により定められる基本指針に基づき、流通機能の低下及び自動車交通の渋滞を来しているため、又は来すおそれがあるため、流通業務市街地を整備することが相当であると認められる都市（その周辺の地域を含む。）について、流通業務施設の整備に関する基本方針を定めることとされている。流通業務地区は、この基本方針に係る都市の区域のうち、幹線道路、鉄道等の交通施設の整備の状況に照らして、流通業務施設を集約的に立地させる流通業務市街地として整備することが適当であると認められる区域について、当該都市における流通機能の向上及び道路交通の円滑化を図るため定められるものである。
　流通業務地区に関する都市計画を定めようとするときは、あわせて当該地区が流通業務市街地として整備されるために必要な公共施設に関する都市計

画を定めることとされている。

　流通業務地区内における規制としては、流通業務施設、これの関連施設又は公共施設若しくは公益的施設以外の建設は、都道府県知事による許可がある場合を除いて禁止され、当該地区における流通業務機能の確保が担保されることとなる。

25　伝統的建造物群保存地区

　伝統的建造物群保存地区は、昭和50年7月の文化財保護法の改正により、周囲の環境と一体をなして歴史的風致を形成している伝統的な建造物群で価値の高いものが、新たに文化財の一種に含まれることとなったことに伴い創設された地域地区であり、伝統的建造物群及びこれと一体をなしてその価値を形成している環境を保存するため、定める地区である（☞文化財保護法2条Ⅰ⑥、142条）。すなわち、例えば京都、倉敷、高山、金沢等の伝統のある古い町並みを保存しようとするものである。

　伝統的建造物群保存地区内においては、政令の定める基準に従い市町村の条例で、当該地区の保存のため必要な現状変更の規制を行うものとされている（☞同法143条Ⅰ）。

　基準政令では、建築物その他の工作物の建築、修繕、模様替え、色彩の変更、宅地造成その他の土地の形質の変更、木竹の伐採、土石の類の採取等の行為について、原則として市町村の長及び教育委員会の許可を受けなければならないものとしている（☞同法施行令4条）。

　なお、都市計画区域以外の区域においても市町村は、都市計画によらないで条例の定めるところにより、伝統的建造物群保存地区を定めることができることとなっており、この場合は、都市計画として定められた伝統的建造物群保存地区に準じて取り扱われる（☞同法143条Ⅱ）。

　なお、伝統的建造物群保全地区については、その運用について留意すべき点が、昭和50年9月30日文化庁次長通達及び同日付け文化庁文化財保護部長通達により示されており、さらに、この中で標準条例も示されている。

26 航空機騒音障害防止地区等

　航空機騒音障害防止地区及び航空機騒音障害防止特別地区は、昭和53年に制定された「特定空港周辺航空機騒音対策特別措置法」により設けられたものであり、特定空港の周辺について、航空機騒音により生ずる障害を防止し、あわせて適正かつ合理的な土地利用を図ることを目的とするものである。

　航空機騒音障害防止地区は、航空機の著しい騒音が及ぶこととなる地域について都道府県知事が定める航空機騒音対策基本方針に基づいて定めることとされ、区域内においては、学校、病院、住宅等を建築しようとする場合には防音上有効な構造とすることが義務づけられている。

　また、航空機騒音障害防止特別地区は、航空機騒音障害防止地区のうち航空機の特に著しい騒音が及ぶこととなる地域について定めることとされ、区域内においては、学校、病院、住宅等静穏な環境に立地する必要のある施設の建築は禁止される。なお、このような規制により土地の利用に著しい支障をきたす場合には空港設置者が土地を買い入れ、現存建築物の移転補償等の措置がとられることとされている。

　なお、特定空港としては、成田国際空港が指定されている。

27 促進区域

(1) 促進区域とは

　「促進区域」とは、法第10条の2第1項各号に掲げる区域、すなわち、①都市再開発法による「市街地再開発促進区域」、②大都市地域における住宅及び住宅地の供給の促進に関する特別措置法による「土地区画整理促進区域」、③同法による「住宅街区整備促進区域」、④地方拠点都市地域の整備及び産業業務施設の再配置の促進に関する法律による「拠点業務市街地整備土地区画整理促進区域」をいう。

　都市計画には、①土地利用に関する計画、②都市施設の整備に関する計

画、③市街地開発事業に関する計画があるとされているが（☞法4条Ⅰ）、促進区域は、これらのうち、区域区分に関する都市計画並びに地域地区に関する都市計画とともに、土地利用に関する計画として位置づけられるものである。

ただし、今までの地域地区等の土地利用に関する都市計画がその目的に応じて建築物や工作物等に対する制限を課し、いわば消極的に規制することにより良好な土地利用を実現しようとするものであるのに対し、促進区域は主として土地所有者等に一定期間内に一定の土地利用を実現することを義務づけ、いわば土地をその土地がらにふさわしく利用しなければならないという積極的な利用に向けさせる制度である点に相違点がある。

(2) 促進区域の実現

各々の促進区域につき、当該区域で行われる市街地開発事業の特色は、次のようになっている。

a 市街地再開発促進区域

区域内の宅地において所有権又は借地権を有する者が第1種市街地再開発事業を行う場合と法定事業でなく建築確認及び開発許可によりコントロールを受けつつ促進区域の実現のための事業を行う場合が考えられる。

また、都市計画の決定後5年以内にこれらの事業が行われない場合には、市町村等が第1種市街地再開発事業を行うこととされている。

b 土地区画整理促進区域

区域内の宅地について所有権又は借地権を有する者が土地区画整理事業を行う場合と法定事業でなく開発許可によりコントロールを受けつつ促進区域の実現のための事業を行う場合が考えられる。また、都市計画の決定後2年以内にこれらの事業が行われない場合には、市町村等が事業を行うこととされている。土地区画整理促進区域内で行われる土地区画整理事業は、特定土地区画整理事業と称され、通常の土

第2章　都市計画の内容

地区画整理事業と比べて、農地等の所有者等にとって住宅経営と農業経営がしやすいように配慮するとともに、学校用地の取得難が著しく、また、公的住宅が不足している大都市地域の特殊事情に対応するため、事業計画及び換地計画に関し次のような特例が設けられている。

(i) 事業計画の特例として、共同住宅の用に新たに供すべき土地の区域として共同住宅区を、農地等を集合すべき土地の区域として集合農地区を、それぞれ定めることができることとし、換地計画の特例として、一定の宅地の所有者の申出に基づき、それらの区域に換地を行うものとすること。

(ii) 換地計画の特例として、義務教育施設の用に新たに供すべき土地又はその代替地を義務教育施設用地として創設換地できること。また、市町村等の行う事業にあっては、公営住宅等又は医療施設、社会福祉施設、教養文化施設等の用に供するため、一定の土地を保留地として定めることができること。

c　住宅街区整備促進区域

区域内の宅地について所有権又は借地権を有する者が住宅街区整備事業を行う場合と法定事業でなく建築確認及び開発許可によりコントロールを受けつつ促進区域の実現のための事業を行う場合が考えられる。また、都市計画の決定後2年以内にこれらの事業が行われない場合には、市町村等が住宅街区整備事業を行うこととされている。

なお、住宅街区整備事業は、住宅街区整備促進区域においてのみ施行しうることとされている。

d　拠点業務市街地整備土地区画整理促進区域

区域内の宅地について所有権又は借地権を有する者が土地区画整理事業を行う場合と法定事業ではなく開発許可によりコントロールを受けつつ促進区域の実現のための事業を行う場合が考えられる。また、都市計画の決定後3年以内にこれらの事業が行われない場合には、市

町村等が事業を行うこととされている。拠点業務市街地整備土地区画整理促進区域内で行われる土地区画整理事業は、拠点整備土地区画整理事業と称され、通常の土地区画整理事業と比べて次のような特色を有している。
(i) 換地計画の特例として、下水道用地又はその代替地を創設換地できること。
(ii) 換地計画の特例として、市町村等の行う事業にあっては、交通施設、情報処理施設、電気通信施設、教養文化施設等の公益的施設の用に供するため、一定の土地を保留地として定めることができること。

(3) 促進区域内の制限に関する法律

法第10条の2第3項に基づき促進区域内における建築物の建築その他の行為に関する制限を定めた法律としては、次のようなものがある。

a 市街地再開発促進区域
　都市再開発法第7条の4による建築物の建築に係る都道府県知事等の許可

b 土地区画整理促進区域
　大都市地域における住宅及び住宅地の供給の促進に関する法律第7条による土地の形質の変更又は建築物の新築、改築若しくは増築に係る都道府県知事等の許可

c 住宅街区整備促進区域
　大都市地域における住宅及び住宅地の供給の促進に関する法律第26条による土地の形質の変更又は建築物その他の工作物の新築、改築若しくは増築に係る都道府県知事等の許可

d 拠点業務市街地整備土地区画整理促進区域
　地方拠点都市地域の整備及び産業業務施設の再配置の促進に関する法律第21条による土地の形質の変更又は建築物の新築、改築若しくは

増築に係る都道府県知事等の許可

28 遊休土地転換利用促進地区

(1) 遊休土地転換利用促進地区制度の創設

　都市への人口、産業の集中等に対応して都市内の土地に対しては、住宅用地、産業・業務用地等の各種土地需要が競合しており、都市の健全な発展と秩序ある整備を図るためには、都市内の土地は、その所在する地域の特性に応じて有効に利用することが必要である。しかしながら、都市内においては工場跡地、未利用埋立地等の未利用地や、整備水準、管理状態等からみて著しく低度にしか利用されていない駐車場、資材置場等が多く存する。大都市地域において住宅・宅地需要がひっ迫している現状等にかんがみれば、このような都市内の低・未利用地を有効に利用して、住宅・宅地供給促進の一助とする必要がある。

　このような低・未利用地の有効利用を効果的に促進するためには、

　　a　低・未利用地の所有者等にその有効利用という能動的な作為を求めること

　　b　詳細計画による土地利用の規則、誘導等他の都市計画制度を的確に運用すること

　　c　低・未利用地の所有者等と行政側とが相互に意思疎通を図りながら望ましい有効利用を誘導すること

が必要である。

　以上のような要請から、その位置と規模からして有効利用の必要性の高い低・未利用地を都市計画上、遊休土地として指定するとともに、必要に応じて、勧告等の手段を講ずることにより、その有効利用を促進する制度として遊休土地転換利用促進地区制度を創設したのである。

(2) 遊休土地の認定基準

　遊休土地転換利用促進地区は、

a　相当期間にわたり低・未利用であること。
　　b　周辺地域の計画的な土地利用の増進を図る上で著しく支障となっていること。
　　c　有効かつ適切な利用を促進することが都市機能の増進に寄与すること。
　　d　おおむね5,000㎡以上の規模であること。
　　e　市街化区域内にあること。
のすべての要件に該当する土地の区域について定めるものである（☞法10条の3Ⅰ）。

　また、遊休土地転換利用促進地区の決定後2年経過した後において、依然として低・未利用である1,000㎡以上の一団の土地で、当該土地が取得されてから2年を経過しているものの所有者等に対して、遊休土地である旨を通知することとしている（☞法58条の6）。

　これらの低・未利用であるという要件としては、令第4条の3及び第38条の9において、
　　a　その土地が住宅の用、事業の用に供する施設の用その他の用途に供されていないこと。
　　b　その土地が住宅の用、事業の用に供する施設の用その他の用途に供されている場合には、その土地又はその土地に存する建築物等の整備の状況等からみて、その土地の利用の程度がその周辺の地域における同一の用途又はこれに類する用途に供されている土地の利用の程度に比し著しく劣っていると認められること。
のいずれかに該当することとされているが、遊休土地である旨の通知を行うための要件である令第38条の9においては、現に日常的な居住の用に供されている場合を除くこととなっている。

　これは、遊休土地転換利用促進地区の指定にあたっては、当該土地の土地利用状況を外形的に判断するものであり、土地の利用形態、所有形態等とは無関係であるが、遊休土地である旨の通知を行う場合は、一連の強力な措置を講じる導入手段として行われることから、日常的な居住の用に供する場合

第2章 都市計画の内容

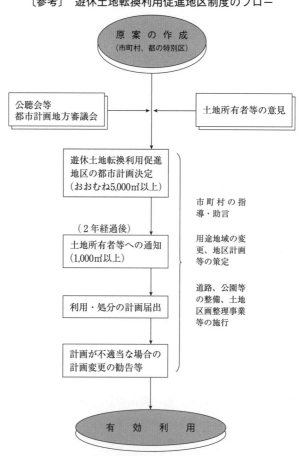

〔参考〕 遊休土地転換利用促進地区制度のフロー

を除くこととしたものである。

29 被災市街地復興推進地域

(1) 被災市街地復興推進地域を都市計画に定めるための要件

　都市計画決定権者である市町村は、「都市計画区域内における市街地の土地の区域」で、以下の3要件を充足する土地の区域を都市計画に被災市街地

復興推進地域として定めることができる（☞被災市街地復興特別措置法5条Ⅰ）。

　　a　大規模な火災、震災その他の災害により当該区域内において相当数の建築物が滅失したこと
　　b　公共の用に供する施設の整備の状況、土地利用の動向等からみて不良な街区の環境が形成されるおそれがあること
　　c　当該区域の緊急かつ健全な復興を図るため、土地区画整理事業、市街地再開発事業その他建築物若しくは建築敷地の整備又はこれらと併せて整備されるべき公共の用に供する施設の整備に関する事業を実施する必要があること

（2）被災市街地復興推進地域の効果

　被災市街地復興推進地域の効果のうち、建築行為等の制限は、被災市街地復興推進地域に係る都市計画に定められた期間の満了する日まで継続する。ただし、被災市街地復興推進地域による建築行為等の制限が、都市計画に基づく計画的な市街地の整備改善が行われるまでの間の一時的な規制であるという趣旨に鑑み、被災市街地復興特別措置法第7条第3項各号に規定する都市施設又は市街地開発事業に関する都市計画についての告示等、所要の事実が発生した日後は、それらの事業等が行われる区域について建築行為等の制限は解除される。

　その後の被災市街地復興推進地域は、市町村に市街地の復興の責務を課すとともに土地区画整理事業及び都市再開発事業等の特例を事業終了までの間、生じさせる意味を有する。

　なお、被災市街地復興推進地域は事業終了後は失効する規定をおいていないが、これは事業終了時に市町村が適切に被災市街地復興推進地域を適切に変更・廃止することが前提となっているからである。

（3）被災市街地復興推進地域内の制限に関する法律

　法第10条の4第3項に基づき被災市街地復興推進地域内における建築物の

第2章　都市計画の内容

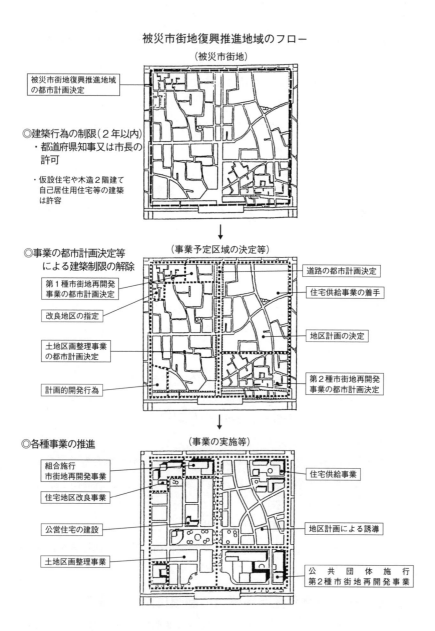

建築その他の行為に関する制限を定めた法律としては、被災市街地復興特別措置法第7条による土地の形質の変更又は建築物の新築、改築若しくは増築に係る都道府県知事等の許可がある。

なお、法第53条による建築制限、土地区画整理促進区域における行為制限との比較は、次の表のとおりである。

建築制限の比較

	53条制限	土地区画整理促進区域	被災市街地復興推進地域
規制内容	○建築物の建築をしようとする場合に都道府県知事又は市長の許可が必要	○土地の形質の変更、建築物の新築、改築、増築をする場合に都道府県知事又は市長の許可が必要	○土地の形質の変更、建築物の新築、改築、増築をする場合に都道府県知事又は市長の許可が必要
適用除外	○階数2以下でかつ地階を有しない木造の建築物の改築又は移転 ○非常災害のため必要な応急措置 ○都市計画事業、国・都道府県・市町村又は施設管理者が都市施設又は市街地開発事業に都市計画に適合する業務 ○立体都市計画で定められた都市施設の立体的範囲及び離隔距離・載荷重の限度に適合する	○通常の管理行為、軽易な行為、車庫等の付属建築物の新築改築、管理のために必要な土地の形質の変更、農林漁業者のために行う土地の形質の変更、作業小屋等の建築（床面積90㎡以下） ○非常災害のため必要な応急措置 ○都市計画事業、国・都道府県・市町村又は施設管理者が都市施設又は市街地開発事業に都市計画に適合する業務	○同左 ○同左 ○同左

	建築物の建築 ○立体道路の地区計画に適合する道路一体建築物、施設管理者が行う建築物の建築		
許可の義務づけ	○都市計画に適合する建築物の建築 ○立体都市計画で定められた都市施設の立体的範囲の外で、当該都市施設の整備に支障がない建築物の建築 ○階数2以下で地階を有せず、主要構造部が木造等であり、かつ、容易に移転又は除外できる建築物の建築	○0.5ha以上の土地の形質の変更で事業の支障を困難にしないもの ○自己居住又は自己業務の建築物（2階以下、木造等、容易に移転除却可能、敷地300㎡以上）の建築のための土地の形質の変更 ○買取り不許可の土地の形質の変更 ○自己居住又は自己業務の建築物（2階以下、木造等、容易に移転除却可能、敷地300㎡以上）の建築 ○買取り不許可の建築物の建築	○0.5ha以上の土地の形質の変更で市街地整備の実施を困難にしないもの ○同左 ○同左 ○同左 ○同左
他制限への移行	○事業認可	○事業認可	○都市施設、市街地開発事業に関する都市計画の決定 ○地区計画等の決定

| | | ○土地区画整理事業の事業認可 |
| | | ○市街地再開発事業の事業認可等 |

30 都市施設

(1) 都市施設と都市計画施設

「都市施設」とは、都市計画において定められるべき法第11条第1項各号に掲げる施設をいう。すなわち、「都市施設」とは都市生活を営む上で必要とされる施設であり、法第11条第1項各号はその都市施設を機能別に列挙して、その範囲を明確にしているのである。

「都市計画施設」とは、都市計画において定められた法第11条第1項各号に掲げる施設をいう。法第11条第1項各号に列挙された都市施設は、すべての都市計画区域において必ずすべて決定する趣旨ではなく、それらのうち必要なものを都市計画に定めることになる。この場合に、都市計画において定められた都市施設が都市計画施設である。

(2) 法第11条における都市施設の列挙の趣旨

法第11条及び令第5条の規定により都市計画において定めることができる都市施設を列挙しているが、これは、都市施設をその都市機能別に列挙して、その範囲を明確にするとともに、各都市機能ごとにその機能を有する都市施設について代表的な施設を例示し、これらのうち必要なものについて都市計画で定めることができることにしたのである。

この列挙については、「都市計画には……次の各号に掲げる施設で必要なものを定める。」と規定されていることから、この列挙は限定列挙と解すべきであり、本条の各号に規定されていない都市施設については、都市計画において定めることができない。この点で、旧法が「交通、衛生、保安、防

空、経済等ニ関シ永久ニ公共ノ安寧ヲ維持シ又ハ福祉ヲ増進スル為ノ重要施設ノ計画」（旧法１条）については、主務大臣が認めれば、すべて都市計画として定めることができたのと異なるのである。

　また、都市計画には必要なものを定めればよく、それぞれの都市計画区域について、本条に列挙された施設をすべて都市計画において定める必要はない。しかし、市街化区域が定められた都市計画区域においては、市街化区域について少なくとも道路、公園及び下水道を、また、第１種・第２種低層住居専用地域、第１種・第２種中高層住居専用地域、第１種・第２種住居地域、準住居地域及び田園住居地域について、義務教育施設（小学校、中学校）を必ず定める必要がある（☞法13条Ⅰ⑪）。

（３）その他の交通施設の例示

　法第11条第１項「その他の交通施設」「その他の公共空地」等と包括的に規定されている都市施設の具体的内容については、およそ次のものが考えられる。

① その他の交通施設	空港、軌道（都市高速鉄道に該当するものを除き、路面電車は含まれる。）、通路（道路に該当するものを除く。）、交通広場（道路、広場に該当するものを除く。）
② その他の公共空地	運動場、遊歩道
③ その他の供給施設又は処理施設	地域冷暖房施設、ごみ処理施設（ごみ運搬用管路を含む）、石油パイプライン、中水道施設
④ その他の教育文化施設	博物館、美術館、会議場、展示場、公民館、給食センター、体育館、職業訓練施設
⑤ その他の医療施設	保健所、診療所、助産所
⑥ その他の社会福祉施設	乳児院、母子寮、養護老人ホーム、障害福祉施設

（４）当該都市計画区域外における都市施設

　都市施設に関する都市計画は、当該都市計画区域内において定められることが通常であると考えられるが、ごみ焼却場、火葬場等の処理施設、上水道

の水源地等の供給施設等についてその適地が当該都市計画区域内において見出せない場合など「特に必要があるときは、当該都市計画区域外においても、これらの施設を定めることができる」(☞法11条Ⅰ本文後段)とされている。

　この「当該都市計画区域外」とは、その土地が他の都市計画区域として指定されているか否かを問わず、また、他の都市計画区域にわたる場合も含むものである。なお、他の都市計画区域において都市施設に関する都市計画を定める場合は、他の都市計画区域における都市計画に影響を及ぼす場合が多いと考えられるので、関係の地方公共団体相互間において十分調整をとる必要があるのは当然である。

(5) 自動車専用道路、幹線街路、区画街路又は特殊街路

　都市施設として挙げられる各種道路は、それぞれ次のとおりである。

　　a　自動車専用道路
　　　都市高速道路、都市間高速道路、一般自動車道等専ら自動車の交通の用に供する道路

　　b　幹線街路
　　　都市内におけるまとまった交通を受け持つとともに、都市の骨格を形成する道路

　　c　区画街路
　　　地区における宅地の利用に供するための道路

　　d　特殊街路
　　　(ⅰ)　専ら歩行者、自転車又は自転車及び歩行者のそれぞれの交通の用に供する道路
　　　(ⅱ)　専ら都市モノレール等の交通の用に供する道路
　　　(ⅲ)　主として路面電車の交通の用に供する道路

　〈参考：都市計画運用指針Ⅳ—2—2—Ⅱ）A—2—1⑵〉

(6) トラックターミナル等

　トラックターミナル及びバスターミナルについては、自動車ターミナル法第2条により定義されている。すなわち、トラックターミナルとは「一般貨物自動車運送事業の用に供する自動車ターミナル」をいい、バスターミナルとは「一般乗合旅客自動車運送事業の用に供する自動車ターミナル」をいう。なお、自動車ターミナルとは「旅客の乗降又は貨物の積卸しのため、自動車運送事業の事業用自動車を同時に2両以上停留させることを目的として設置した施設であって、道路の路面その他一般交通の用に供する場所を停留場所として使用するもの以外のものをいう」とされている。

(7) 街区公園等

　公園の種別は、それぞれ次のとおりである。なお、都市の人口規模等の関係上、地区公園と総合公園又は運動公園の機能等を併せもつ公園を計画するとき、または、主に動植物の生息地又は生育地である樹林地等の保護を目的とする都市公園となるべきものが複合的な機能等を併せもつときは、その公園が主にどういった機能をもつかによって区分することになっている。

　　a　街区公園
　　　　主として街区内に居住する者の利用に供することを目的とする公園
　　b　近隣公園
　　　　主として近隣に居住する者の利用に供することを目的とする公園
　　c　地区公園
　　　　主として徒歩圏域内に居住する者の利用に供することを目的とする公園
　　d　総合公園
　　　　主として一つの市町村の区域内に居住する者の休息、観賞、散歩、遊戯、運動等総合的な利用に供することを目的とする公園
　　e　運動公園
　　　　主として運動の用に供することを目的とする公園

f　広域公園
　　　一の市町村の区域を越える広域の区域を対象とし休息、観賞、散歩、遊戯、運動等総合的な利用に供することを目的とする公園
　　g　特殊公園
　　　(i)　主として風致の享受の用に供することを目的とする公園
　　　(ii)　動物公園、植物公園、歴史公園その他特殊な利用を目的とする公園
〈参考：都市計画運用指針Ⅳ—2—2—Ⅱ）B—1—(1)—①〉

(8) 立体都市計画
①　道路、河川等の都市施設を整備する立体的な範囲の都市計画決定

　都心部等においては、周辺の土地利用状況から、道路、河川等の都市施設と建築物との複合的な土地利用のニーズが増大している。

　こうしたことから、道路、河川等の都市施設に関する都市計画について、必要があるときは、空間又は地下に「都市施設を整備する立体的範囲」を定めることができることとし、当該範囲を地下に定めたときに、あわせて離隔距離の最小限度及び載荷重の最大限度に定められることとすることにより、都市施設の整備に支障が生じないことが明らかな建築物の建築に係る規制の緩和を行うものである。

　具体の候補としては、東京等の大都市圏の環状道路、地下河川等が挙げられる。

　なお、上記「必要があるとき」とは、具体的には、都市施設を建築物と同一の土地の区域内に立体的に整備することで複合的な土地利用を行うことによって、当該都市施設が果たすべき必要な機能を確保しつつ、また周囲の環境を害することなく、土地の有効・高度利用、都市機能の有機的な連携、魅力的な都市空間の創出等のニーズに応えることが可能となるときである。

② 「都市施設を整備する立体的な範囲」等の具体的効果
「離隔距離の最小限度及び載荷重の最大限度」が定められている都市計画施設の区域内において行う建築物の建築行為であって、「離隔距離の最小限度及び載荷重の最大限度」に適合するものについては、都市計画施設の区域内における建築制限（☞法53条）の適用除外となる。

また、「都市施設を整備する立体的な範囲」が定められている場合において、当該立体的な範囲外において行われ、かつ、当該都市施設の整備に支障を及ぼすおそれがないと認められる建築物の建築行為は、都市計画法第54条第2号に該当するものとして、建築の許可をしなければならないこととなる。

③ 「都市施設を整備する立体的な範囲」等の具体的な定め方
　a　都市施設を整備する立体的な範囲
　　　具体的にその施設が整備される範囲として定められるものである。
　b　離隔距離の最小限度
　　　①当該都市施設の工事、メンテナンス等に必要な範囲、②載荷重との関係で定まる当該施設からの離隔距離、のうち、いずれか大きい方として定められる。
　c　載荷重の最大限度
　　　離隔距離との関係で定まる当該施設に許容される載荷重の最大限度として定められる。

（9）流通業務団地
① 流通業務団地に関する都市計画に定める事項
流通業務団地について都市計画に定めるべき事項は、次のとおりである。
　a　名称、位置及び区域（☞法11条Ⅱ）
　b　流通業務施設の敷地の位置及び規模（☞流通業務市街地の整備に関する法律7条Ⅱ）
　c　公共施設及び公益的施設の位置及び規模（☞同法7条Ⅱ）

d　建築物の建築面積の敷地面積に対する割合（建蔽率）若しくは延べ面積の敷地面積に対する割合（容積率）（☞同法7条Ⅲ）
　　e　建築物の高さ又は壁面の位置の制限（☞同法7条Ⅲ）
　②　流通業務地区と流通業務団地との関係
　流通業務団地に関する都市計画及び流通業務団地に係る市街地開発事業等予定区域に関する都市計画において定めるべき区域は、流通業務地区内の次の各号に規定する条件に該当する土地の区域でなければならない（流通業務団地に係る市街地開発事業等予定区域に関する都市計画の場合にはdの条件は不要）ことになっている（☞同法6条の2、7条）。

　　a　流通業務地区外の幹線道路、鉄道等の交通施設の利用が容易であること。
　　b　良好な流通業務団地として一体的に整備される自然的条件を備えていること。
　　c　当該区域内の土地の大部分が建築物の敷地として利用されていないこと。
　　d　当該区域内において整備されるべきトラックターミナル、鉄道の貨物駅又は中央卸売市場及びこれらと密接な関連を有するその他の流通業務施設（流通業務施設とはこのほか、倉庫、上屋、卸売業の事務所、店舗等流通業務市街地の整備に関する法律5条1項1号から6号までに規定する施設をいう。）の敷地が、これらの施設における貨物の集散量及びこれらの施設の配置に応じた適正な規模のものであること。

　この基準に該当する土地の区域について流通業務団地に関する都市計画を定める場合は、流通業務施設の敷地及び公共、公益的施設の位置及び規模、建蔽率、容積率等を定め、その整備については、都市計画事業として流通業務団地造成事業を施行することができる。また、流通業務地区内の土地の区域については、流通業務市街地の整備に関する法律第5条の規定により、原則として流通業務施設及びこれに関連する工場その他の施設以外の施設を建

設してはならないこととされている。

(10) 一団地の津波防災拠点市街地形成施設

一団地の津波防災拠点市街地形成施設は、津波による災害の発生のおそれが著しく、かつ、当該災害を防止し、又は軽減する必要性が高いと認められる区域（当該区域に隣接し、又は近接する区域を含む。）内の都市機能を津波が発生した場合においても維持するための拠点となる市街地の整備を図る観点から、当該市街地が有すべき諸機能に係る施設を一団の施設としてとらえて一体的に整備することを目的とするものであり、当該市街地が有すべき機能に応じて住宅施設、特定業務施設又は公益的施設を組み合わせるとともに、これらと一体的に確保する必要のある公共施設とを併せたものとして構成される（津波防災地域づくりに関する法律（以下「津波法」という。）第2条ⅩⅤ）。

① 一団地の津波防災拠点市街地形成施設に関する都市計画に定める事項

一団地の津波防災拠点市街地形成施設について都市計画に定めるべき事項は、次の通りである。

- a　名称、位置及び区域（☞法11条Ⅱ）
- b　住宅施設、特定業務施設又は公益的施設及び公共施設の位置及び規模（☞津波法17条Ⅱ）
- c　建築物の高さの最高限度若しくは最低限度、建築物の延べ面積の敷地面積に対する割合の最高限度若しくは最低限度又は建築物の建築面積の敷地面積に対する割合の最高限度（☞津波法17条Ⅱ）

② 一団地の津波防災拠点市街地形成施設に関する都市計画を定めることができる区域

一団地の津波防災拠点市街地形成施設に関する都市計画は、次の要件を満たす区域について定めることができる。

- a　津波による災害の発生のおそれが著しく、かつ、当該災害を防止

し、又は軽減する必要性が高いと認められる区域（当該区域に隣接し、又は近接する区域を含む。）内の都市機能を津波が発生した場合においても維持するための拠点となる市街地を形成することが必要であると認められる区域

 b 当該区域内の都市機能を津波が発生した場合においても維持するための拠点として一体的に整備される自然的経済的社会的条件を備えていること。

 c 当該区域内の土地の大部分が建築物（津波による災害により建築物が損傷した場合における当該損傷した建築物を除く。）の敷地として利用されていないこと。

(11) 一団地の復興拠点市街地形成施設の都市計画

 一団地の復興拠点市街地形成施設は、特定大規模災害を受けた区域（当該区域に隣接し、又は近接する区域を含む。）内の地域住民の生活及び地域経済の再建のための拠点となる市街地の整備を図る観点から、当該市街地が有すべき諸機能に係る施設を一団の施設としてとらえて一体的に整備することを目的とするものであり、当該施設が有すべき機能に応じて住宅施設、特定業務施設又は公益的施設を組み合わせるとともに、これらと一体的に確保する必要となる特定公共施設とを併せたものとして構成される（☞大規模災害からの復興に関する法律2条Ⅷ）。

① 一団地の復興拠点市街地形成施設に関する都市計画に定める事項

 一団地の復興拠点市街地形成施設について都市計画に定めるべき事項は、次の通りである。

 a 名称、位置及び区域（☞法11条Ⅱ）

 b 住宅施設、特定業務施設又は公益的施設及び特定公共施設の位置及び規模（☞大規模災害からの復興に関する法律41条Ⅱ①）

 c 建築物の高さの最高限度若しくは最低限度又は建築物の建築面積の

敷地面積に対する割合の最高限度（☞大規模災害からの復興に関する法律41条Ⅱ②）

(12) 予定区域制度の対象となる３つの都市施設

　法第11条第５項は、市街地開発事業等予定区域制度の導入に関連して、予定区域制度の対象となる３つの都市施設、すなわち、区域の面積が20ha以上の一団地の住宅施設、一団地の官公庁施設及び流通業務団地に関する都市計画についても、都市計画の内容として通常定める事項のほか、施行予定者を定めることができることとしたものである。

　本項に基づき施行予定者が定められた都市施設に関する都市計画が定められた場合の都市計画制限、土地の買取り等については、法第53条から第57条までの規定を適用せず、予定区域に関する都市計画及び予定区域に関する都市計画を経て法第12条の３第１項に基づき施行予定者を定めている市街地開発事業又は都市施設に関する都市計画の場合に適用されるものと同様の都市計画制限、買取請求権等に関する規定を適用することとしている（☞法57条の２）。

　これは、細部にわたる事項が判明していて予定区域に関する都市計画を経る意味がない場合であっても、現状凍結的な厳しい都市計画制限を適用する必要がある場合が想定されることによるものである。

　法第11条第５項の規定により、施行予定者が定められている都市計画施設の区域内については、事業制限並みの強い都市計画制限が働くこととしているが、これは、都市計画において施行予定者が定められており、それにより、２年以内に都市計画事業の認可の申請があることが保証されていることを前提とするものであり、また、都市計画の変更により、都市計画施設の区域外となった場合には土地の所有者等に対して補償請求権を付与しているが、この場合の補償義務者は都市計画において施行予定者として定められている者となっているところから、いったん、都市計画において施行予定者を定めたものについては、それを変更して施行予定者を定めないこととすることは適当でないので本項の規定がおかれたものである。

31 市街地開発事業

(1) 市街地開発事業

「市街地開発事業」とは、法第12条第1項各号に掲げる事業、すなわち、①土地区画整理法による土地区画整理事業、②新住宅市街地開発法による新住宅市街地開発事業、③首都圏の近郊整備地帯及び都市開発区域の整備に関する法律又は近畿圏の近郊整備区域及び都市開発区域の整備及び開発に関する法律による工業団地造成事業、④都市再開発法による市街地再開発事業、⑤新都市基盤整備法による新都市基盤整備事業、⑥大都市地域における住宅及び住宅地の供給の促進に関する特別措置法による住宅街区整備事業、⑦密集市街地における防災地区の整備の促進に関する法律による防災街区整備事業をいうものとされる。

これらの事業は、一定の地域について、地方公共団体等が総合的な計画に基づき、公共施設の整備と宅地又は建築物の整備をあわせて行い、面的な市街地の開発を積極的に図ろうとするものである。

なお、このような点から市街地開発事業と類似した市街地の開発を行う事業であっても、都市施設として整備することとされている流通業務市街地の整備に関する法律による流通業務団地造成事業、「一団地の住宅施設」建設事業、「一団地の官公庁施設」建設事業のほか、住宅地区改良法による住宅地区改良事業等は、市街地開発事業に含まれないので注意を要する。

(2) 市街地開発事業等予定区域

「市街地開発事業等予定区域」とは、法第12条の2第1項各号に掲げる予定区域、すなわち、①新住宅市街地開発事業の予定区域、②工業団地造成事業の予定区域、③新都市基盤整備事業の予定区域、④区域の面積が20ha以上の一団地の住宅施設の予定区域、⑤一団地の官公庁施設の予定区域、⑥流通業務団地の予定区域をいうものとされる。これらの予定区域を都市計画に定めることができる事業は、いずれも大規模な用地を必要とするいわゆる面

開発事業である。

　このような都市計画が創設された理由は、これらの面開発事業についての都市計画決定においては、施行区域のほか公共施設の配置、宅地の利用計画又は住宅等の建築物の配置計画を定めることとされているが、これらの計画が確定するまで都市計画決定することができず、それまでの間において乱開発や事業施行の障害となる行為が行われてもその進行を防止することができなかったので、施行区域について計画が確定した段階等において早期に予定区域を定めることができることとして、現状凍結的な行為規制と買取請求権の賦与、先買い等の制度により、大規模宅地開発の適地をできる限り早い時期に円滑に確保するためである。

(3) 他の都市計画区域等における市街地開発事業

　市街地開発事業に関する都市計画は、「当該都市計画区域」において定めることになっているので、他の都市計画区域において、又は都市計画区域外において市街地開発事業に関する都市計画を決定することはできない。

(4) 2以上の都市計画区域にまたがる市街地開発事業

　市街地開発事業は、「市街化区域内において、一体的に開発し、又は整備する必要がある土地の区域について定めること」（☞法13条）とされており、都市計画区域の性格から考えて、このような区域が2以上の都市計画区域にまたがって存することはあり得ないものであり、2以上の都市計画区域にまたがる市街地開発事業を認めない趣旨であると解される。

　したがって、2以上の都市計画区域にまたがって市街地開発事業の適地がある場合には、都市計画区域を変更することにより1の都市計画区域に含めてから市街地開発事業の計画決定をすることが望ましい。

(5) 公共施設の配置及び宅地の整備に関する事項

　土地区画整理事業に関する都市計画においては、種類、名称及び施行区域のほかに「公共施設の配置及び宅地の整備に関する事項」を定めるととも

に、施行区域の面積を定めるよう努めることとされている（☞法12条Ⅲ）。このうち、「公共施設の配置」に関する事項については、都市計画において定められている道路、公園その他の公共施設の名称、位置、規模等を定め、その他の公共施設についてはその整備方針を簡略に記載して定めることとされる。この場合、都市計画において定められている公共施設以外の施設については、その配置を計画図に表示する必要はないとされている。また、「宅地の整備」に関する事項については、土地利用、街区の規模、宅地の整地等についてその方針を記載して定めることになる。

（6）新住宅市街地開発事業に関する都市計画の内容

新住宅市街地開発事業に関する都市計画においては、種類、名称及び施行区域を定めるほか、「住区、公共施設の配置及び規模並びに宅地の利用計画」を定めるとともに、施行区域の面積を定めるよう努めることとされている（☞新住宅市街地開発法4条Ⅰ）。このうち、「住区」については、住区数及び計画目標人口について、その方針を定める。次に道路、公園・緑地、下水道、その他の公共施設の配置及び規模を定めるほか、教育施設、医療施設、官公庁施設、購買施設等の公益的施設についても、必要に応じてその配置の方針を記載することも可能である。また、「宅地の利用計画」については、住宅用地、公益的施設用地等の宅地の面積及びその割合を定め、さらに、道路、公園等の公共施設の面積及びその割合を定めることとされている。

（7）工業団地造成事業に関する都市計画の内容

工業団地造成事業に関する都市計画においては、種類、名称及び施行区域のほか、「公共施設の配置及び規模並びに宅地（工業団地造成事業により造成される敷地のうち公共施設の用に供する土地を除く。）の利用計画」を定めるとともに、施行区域の面積を定めるよう努めることとされている（☞首都圏の近郊整備地帯及び都市開発区域の整備に関する法律5条Ⅰ、近畿圏の近郊整備区域及び都市開発区域の整備及び開発に関する法律7条Ⅰ）。このうち、「公共施設の配置及び規模」については、道路、公園・緑地、下水道、その他の公共施

設についてその配置及び規模を定めるが、その方法については新住宅市街地開発事業と同様である。また、「宅地の利用計画」は、宅地の面積及びその割合を定めて、さらに、道路、公園等の公共施設の面積及びその割合を定めることとされている。

(8) 市街地再開発事業に関する都市計画の内容

　市街地再開発事業に関する都市計画においては、種類、名称及び施行区域を定めるほか、「公共施設の配置及び規模並びに建築物及び建築敷地の整備に関する計画」を定めるとともに、施行区域の面積を定めるよう努めることとされている（☞都市再開発法4条Ⅰ）。このうち「公共施設の配置及び規模」については、道路、公園・緑地、下水道、その他の公共施設の規模等を定め、さらに、住宅不足の著しい地域における市街地再開発事業に関する都市計画においては、都市再開発法第4条第2項の規定に抵触しない限り、「当該市街地再開発事業が住宅不足の解消に寄与するよう、当該市街地再開発事業により確保されるべき住宅の戸数その他住宅建設の目標」を定めることとされ（☞同法5条）、具体的には当該事業の施行により建設される住宅の戸数と面積が定められることになる。

(9) 予定区域制度の対象となる3つの市街地開発事業

　市街地開発事業等予定区域制度の導入に関連して、予定区域制度の対象となる3つの市街地開発事業、すなわち、新住宅市街地開発事業、工業団地造成事業及び新都市基盤整備事業については、第5条で都市計画の内容として通常定める事項のほか、施行予定者を定めることができることとしたものとして定めている。

(10) 事業完了後における市街地開発事業の都市計画

　都市施設の都市計画については、その整備事業が完了した後においても、将来に向かって当該都市計画施設が当該場所に存していることを担保する必要があり、このような意味からも、法第53条の制限については、事業完了後

においても働いているものと考えられる。

　これに対して、市街地開発事業については、各々の事業法が整備されており、これにより事業計画等が策定されてこれに従って宅地の供給、建築物の建築等がなされるものであり、これに係る都市計画は、主として市街地開発事業がどのような手法で、どのような位置で行われるのかを明確にするとともに、事業の円滑な遂行のために区域内に都市計画制限を及ぼすことに意義があるものと考えられる。

　したがって、事業完了後においては、各々の事業法の定められている事業の性格に応じて宅地の供給等が行われることになり、都市計画自体が法的な効力を有している必要性もないものであり、あえて都市計画を廃止する必要はないが、事業の完成によって都市計画決定の目的は達成したものであって、法第53条の制限についても、事業完了後においては及ばないものと解される。

32　市街地開発事業等予定区域

（１）市街地開発事業等予定区域

　住宅需給の不均衡を解消するためには大規模な面開発事業の推進は不可欠であるが、昭和49年の法改正前の制度では、これらの面開発事業については、事業の種類、施行区域等の基本構想が定まるだけではなく、公共施設の配置等、宅地の利用計画、住宅等の建築物の配置方針等かなりの詳細計画が定まらなければ都市計画決定することができないため、それまでの間において事業施行の障害となる乱開発や投機的土地取引の進行を防止することができなかったことにかんがみ、事業の種類、名称、施行予定者、区域等の基本的事項が明らかになった段階において予定区域としての都市計画を定めることができることとし、また、予定区域に関する都市計画の決定後３年以内に予定区域に係る市街地開発事業又は都市施設に関する都市計画への移行（☞法12条の２Ⅳ）、さらにその後２年以内における事業の認可又は承認の申請を義務付け（☞法60条の２）、その間において買取請求権の付与とあいまった現

状況凍結的な都市計画制限を課する（☞法52条の2）ことにより、大規模面開発事業の数少ない適地をできるだけ早い段階から適正に保全し、これらの面開発事業の円滑かつ迅速な実施を図ろうとするものである。

（2）市街地開発事業等予定区域の種類

　市街地開発事業としては、土地区画整理事業、新住宅市街地開発事業、工業団地造成事業、市街地再開発事業、新都市基盤整備事業及び住宅街区整備事業の6種類があるが、このうち、土地区画整理事業、市街地再開発事業及び住宅街区整備事業は本制度の対象から除外した。これは、これらの事業が土地の取得を前提としている収用対象事業ではなく、したがって買取り請求権を土地所有者に付与したうえで土地利用規制をするという制度にはなじまないためである。

　なお、第2種市街地再開発事業は収用方式の事業ではあるが、既成市街地における錯綜した権利関係の調整を行う事業であって関係権利者間の権利調整に不確定な時間を要し、市街地開発事業等予定区域制度になじまないこと、第2種市街地再開発事業における収用権は、他の収用対象事業と異なり、権利者に対する権利の還元譲渡を目的としているのであって、事業の準備段階での権利関係の変動を抑制し、現状凍結的な事業制限を課することは事業の性質上必要とはいえないこと等の理由から、本制度の対象から除外されている。

　また、都市施設に係る予定区域を一団地の住宅施設、一団地の官公庁施設及び流通業務団地のそれぞれの予定区域に限定したのは、これらの都市施設に関する都市計画は、実質的には市街地開発事業と類似した面開発の収用事業であり、その都市計画においては単に区域のみならず、内部の詳細計画についても定めることとされているが、その他の都市施設についてはそうした法律上の要求はなく、比較的早期の段階において都市計画決定が行い得るからである。

　なお、一団地の住宅施設の予定区域を20ha以上のものに限定したのは、

比較的小規模のものについては土地の代替性が大であることによるものである。

（3）市街地開発事業等予定区域に関する都市計画の効果

　市街地開発事業等予定区域に係る都市施設又は市街地開発事業に関する都市計画が定められると、必要な行為規制、先買い等については、市街地開発事業等予定区域に関する都市計画におけるのと同様の規定（☞法57条の2～6）が適用されることとなっており、市街地開発事業等予定区域に関する都市計画の効力を残す実益がない。また、3年以内に都市施設又は市街地開発事業に関する都市計画を定めなかったときは、それは、法律違反の状態であり、もはや市街地開発事業等予定区域に関する都市計画の効力を残すのは不適当である。したがって、法第12条の2第5項は、いずれの場合も、市街地開発事業等予定区域に関する都市計画は失効することとしたものである。

　なお、前者の場合、なお10日間はその効力を有するとしたのは、法第57条の4の規定に基づく先買い権が都市施設又は市街地開発事業に関する都市計画が定められてから10日を経過した日から働くことになっているため、先買い権に関する規定の適用が中断されるのを防止するためである。

（4）市街地開発事業又は都市施設に関する都市計画に定める事項

　「市街地開発事業等予定区域に係る市街地開発事業又は都市施設に関する都市計画」とは、「市街地開発事業等予定区域に関する都市計画」が定められた後に、法第12条の2第4項に基づいて定められる詳細計画まで定められた都市計画である。

　法第12条の3第1項では、市街地開発事業等予定区域に係る市街地開発事業又は都市施設に関する都市計画については、この都市計画に関する法第20条第1項の規定による告示の日から起算して2年以内に事業の認可又は承認の申請が行われなければならないことから（☞法60条の2）、これを担保するため引き続き施行予定者を定めることとしている。

第2章 都市計画の内容

　法第12条の３第２項の規定は、市街地開発事業等予定区域に係る市街地開発事業又は都市施設に関する都市計画において定めるべき施行区域又は区域及び施行予定者は、市街地開発事業等予定区域に関する都市計画において定められた施行区域又は区域及び施行予定者でなければならない旨を規定し、いわば、市街地開発事業等予定区域に関する都市計画と市街地開発事業又は都市施設に関する都市計画とのつなぎを定めたものであり、市街地開発事業又は都市施設に関する都市計画を変更して、施行予定者を変更することを禁ずるものではない。

33　地区計画

（1）地区計画等

　「地区計画等」とは、法第12条の４第１項各号に掲げる計画、すなわち、①地区計画、②密集市街地における防災街区の整備の促進に関する法律の規定による防災街区整備地区計画、③地域における歴史的風致の維持及び向上に関する法律の規定による歴史的風致維持向上地区計画、④幹線道路の沿道の整備に関する法律の規定による沿道地区計画、及び⑤集落地域整備法の規定による集落地区計画をいう。

（2）地区計画の趣旨

　地区レベルの市街地の形成は、主として住民等の開発行為、建築行為等により行われるが、これについては、バラ建ち的スプロール、細街路・小公園等の未整備、いわゆるミニ開発の進行等種々の問題が生じている。
　このような問題に対処し、良好な市街地の環境を形成していくためには、細街路・小公園等の宅地回りの施設と建築物の形態、敷地等に関する事項を一体的に定めることのできる計画制度を設け、これに基づき開発行為、建築行為等を誘導し、規制していく必要がある。
　開発行為、建築行為を規制するための制度として開発許可制度及び建築確認制度があるが、前者は市街化区域内では一定規模未満のものについては適

用されず、かつ、開発行為相互の調整方法が不十分であること、後者は敷地単位で建築物に関する事項を審査するものであること等からみて、これらだけでは必ずしも十分ではないため、これらの制度を補完し、これらの制度と相まって良好な市街地の整備及び保全を図るための制度として地区計画制度が設けられたものである。

地区計画制度は、昭和55年に設けられたものであるが、その後、地区の特性等により細やかに対応するために、応用型の地区計画ともいうべきものが設けられている。

昭和55年には「沿道整備計画」(平成8年の改正で「沿道地区計画」に改称)が(☞幹線道路の沿道の整備に関する法律)、昭和62年には「集落地区計画」が(☞集落地域整備法)、昭和63年には「再開発地区計画」が(都市再開発法の一部改正)、平成2年には「住宅地高度利用地区計画」「用途別容積型地区計画」が(都市計画法の一部改正)、平成4年には「誘導容積型地区計画」「容積適正配分型地区計画」が(都市計画法の一部改正)、平成7年には「街並み誘導型地区計画」が(都市計画法の一部改正)、平成9年には「防災街区整備地区計画」が(☞密集市街地における防災街区の整備の促進に関する法律)、そして、平成20年には「歴史的風致維持向上地区計画」が(☞地域における歴史的風致の維持及び向上に関する法律)それぞれ導入されている。

また、導入時に、市街化区域内のみしか定めることができなかった地区計画も、平成4年には、市街化調整区域内でも定めることができることとされた(都市計画法の一部改正)。さらに、平成12年には、市街化区域における地区計画の区域要件を廃止し、用途地域が定められている区域においては、線引き都市計画区域であるか、非線引き都市計画区域であるかを問わず、地区計画を定めることができることとされている。

しかし、以上のような制度改正の結果、地区計画制度が複雑になり、また、多様な地域特性に応じた計画を定めるためには、複数の地区計画や地域地区と組み合わせる必要がある場合があるなど、地区計画制度が住民にとって分かりにくく使いにくいものとなってきた。そのため、平成14年に、地区

第2章 都市計画の内容

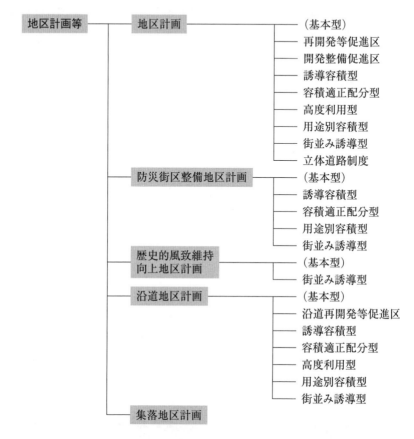

計画制度を整理・合理化するために、都市計画法等が改正され、①再開発地区計画及び住宅地高度利用地区計画の廃止並びに「再開発等促進区」の創設、②「高度利用型地区計画」の創設、③沿道地区計画及び防災街区整備地区計画への誘導容積型等の容積率等の特例制度の導入等がされた。さらに、建築基準法の改正により、地区計画等で定めた用途について、条例で用途地域の制限を緩和することができることとするとともに、地盤面の上にある通路等の地区施設を定めた場合に、当該地区施設下の建築物について、建蔽率制限を緩和することができることとされた。

また、平成18年には「開発整備促進区」の創設が、平成19年には防災街区整備地区計画への容積適正配分型の導入が行われた。

（3）地区計画等の規制内容

　地区計画の区域内において行われる土地の区画形質の変更、建築物の建築等の行為に係る規制は、これらの行為を行う土地について地区整備計画、再開発等促進区又は開発整備促進区（道路、公園等のいわゆる１号施設の配置及び規模が定められているものに限る。）が定められているか否かにより大きく異なる。

　これらの行為を行う土地について地区整備計画が定められている場合には、①土地の区画形質の変更、建築物の建築等についての市町村長への届出とそれに対する勧告（☞法58条の２）、②開発許可を要する行為については届出を不要とし、開発許可の際に審査する（☞法33条Ⅰ⑤）ものとされ、また、③建築物の敷地、構造、建築設備又は用途に関する事項については、地区計画の内容として定められたものを必要に応じ市町村の条例でこれらに関する制限として定めることができ、この場合には、建築確認又は計画通知の際に審査する（☞建築基準法68条の２）こととされている。さらに、地区計画に道の配置及び規模が定められている場合には、④道路位置指定はこれに即して行う必要があり（☞同法68条の６）、また、⑤予定道路の指定をこれに即して行いうる（☞同法68条の７）旨の特例が設けられている。

　また、これらの行為を行う土地の区域について、再開発等促進区又は開発整備促進区が定められている場合には、前記①、②、④及び⑤の規制が及ぶ。

　これらの行為を行う土地について地区整備計画、再開発等促進区や開発整備促進区が定められていない場合には、地区計画の内容として定められた当該区域の整備、開発及び保全の方針が、行政等の指針として働くだけで、前記①～⑤のような直接的な規制は及ばない。

防災街区整備地区計画の区域内においては、地区防災施設の区域（特定地区防災施設にあっては特定地区防災施設の区域及び特定建築物地区整備計画）又は防災街区整備地区整備計画が定められている区域について前記①、②、④及び⑤の規制が及び、特定建築物地区整備計画又は防災街区整備地区整備計画が定められている区域について前記③の規制が及ぶ。なお、⑤の予定道路の指定は、地区防災施設、特定地区防災施設又は地区施設である道路に即して行いうる。届出及び勧告は、密集市街地における防災街区の整備の促進に関する法律第33条の定めるところによる。

歴史的風致維持向上地区計画の区域内においては、歴史的風致維持向上地区整備計画が定められている区域に限り、地区整備計画の定められている区域と同様の規制が課される。届出及び勧告は、地域における歴史的風致の維持及び向上に関する法律第33条の定めるところによる。

沿道地区計画の区域内においては、沿道地区整備計画が定められている区域について、地区整備計画が定められている区域と同様の規制が課され、道路、公園等のいわゆる１号施設の配置及び規模が定められている沿道再開発等促進区が定められている区域については、再開発等促進区が定められている区域と同様の規制が課される。届出及び勧告は、幹線道路の沿道の整備に関する法律第10条の定めるところによる。

集落地区計画の区域内においては、集落地区整備計画が定められている区域に限り、地区整備計画の定められている区域と同様の規制が課される。届出及び勧告は、集落地域整備法第６条の定めるところによる。

（４）防災街区整備地区計画の趣旨

老朽化した木造の建築物が密集しており、道路、公園等の公共施設が十分に整備されていない密集市街地においては、火事又は地震が発生した場合に

おいて延焼防止上及び避難上確保されるべき機能が確保されていないため、地区の防災性の向上及び土地の合理的かつ健全な利用を図ることが課題となっている。

このため、防災上危険な密集市街地を対象として、計画的な再開発による防災街区の整備を促進し、密集市街地における防災に関する機能の確保と土地の合理的かつ健全な利用を図るための各種の施策を設けるため、平成9年に密集市街地における防災街区の整備の促進に関する法律が制定された。

この中で、防災街区整備地区計画は、道路等の公共施設とその周辺の耐火建築物等を一体的に整備することを誘導することにより、地区内の一次避難路、一次避難地を確保するとともに焼け止まり線を構成し、火災被害を最低限にとどめるよう延焼防止上及び避難上必要な機能を確保するとともに、土地の合理的かつ健全な利用を図ることを目的としたものである。

〈参考：都市計画運用指針Ⅳ—2—1—Ⅱ）—H—1　防災街区整備地区計画〉

また、平成19年の改正においては、防災街区整備地区計画に関して、容積の配分制度を設け、道路等の公共施設の整備に先行して受け皿住宅等の敷地に容積を移転可能とすることで、十分な規模の受け皿住宅等の整備による従前居住者の受入れを円滑に進めることにより、道路等の公共施設の整備と老朽建築物の一体的な建替を促進することとした。

(5) 歴史的風致維持向上地区計画の趣旨

古くからの町家等の歴史的な建造物が残されている市街地では、歴史的風致（地域におけるその固有の歴史及び伝統を反映した人々の活動とその活動が行われる歴史上価値の高い建造物及びその周辺の市街地とが一体となって形成してきた良好な市街地の環境）が維持されていることにより、良好な市街地が形成されていることが多いため、第1種低層住居専用地域等の用途地域の指定により比較的厳しい用途の制限が行われている傾向にある。しかしながら、近年、このような市街地において、歴史的な建造物が急速に滅失しつつあ

り、歴史的風致自体も失われつつある事例が多く見られるようになっている。

このような状況の中、歴史的風致の存在により、良好な市街地が形成されてきた地域については、用途地域による用途の制限に関わらず、歴史的風致にふさわしい用途の建築物等の積極的な整備を進め、当該地域の歴史的風致の維持及び向上を図ることが、むしろ良好な市街地の形成に繋がるものと考えられる。

そこで、平成20年に地域における歴史的風致の維持及び向上に関する法律が制定され、歴史的風致の維持及び向上を図ることによる良好な市街地の環境の形成が特に必要となる地域において、用途地域による用途の制限にかかわらず、歴史的風致にふさわしい用途として歴史的な建造物を利活用することにより、その保全を促し、当該地域の歴史的風致の維持及び向上と土地の合理的かつ健全な利用を図ることを目的とした歴史的風致維持向上地区計画が創設されたところである。

〈参考：都市計画運用指針Ⅳ—2—1—Ⅱ）—H—2〉

（6）沿道地区計画の趣旨

モータリゼーションの進行による道路交通の増大に伴い、幹線道路の沿道において騒音、振動、排気ガス等による環境問題が惹起しており、特に都市部の幹線道路については、道路交通騒音対策が最も重要な課題の一つとなっている。従来から、道路交通騒音により生ずる障害を防止するため、バイパスの整備を進める一方で、遮音壁、緩衝帯の整備等の措置を逐次講じてきたところであるが、このような道路構造の改善等の措置のみでは、必ずしも有効かつ適切な対策とはなり難い場合が多いという状況にある。

このため、幹線道路と沿道の土地利用との調和を積極的に図ることを基調とした施策を確立する必要が生じ、昭和55年に、道路交通騒音の著しい幹線道路の沿道について、新たな都市計画制度としての沿道整備計画を定めるとともに、区域内の整備を促進するための措置を講ずることにより、道路交通

騒音により生ずる障害の防止と沿道の適正かつ合理的な土地利用の促進を図ることとしたものである。

しかしながら、従来の沿道整備計画制度においては、沿道整備を行うべき区域を定める際にその区域内の具体的な土地利用規制についても同時に決めなければならなかったため、結果として沿道整備計画策定の障害になっている等の状況がみられたところである。

このため、区域及び沿道の整備に関する方針の決定と土地利用規制の決定を切り離し、併せて沿道の整備のための各種の施策を講じることによって計画の策定を促進する目的で、平成8年に幹線道路の沿道の整備に関する法律が改正され、「沿道整備計画」を「沿道地区計画」とし、地域の実情に応じて弾力的に沿道地区計画の策定が可能となるよう、区域及び沿道の整備に関する方針を具体的な土地利用規制を定める沿道地区整備計画に先行して定めることができることとされた。

また、平成8年の改正においては、沿道地区計画に関して、次のような改正が行われたところである。

a 沿道地区計画の区域の特性に応じた合理的な土地利用の促進を図るため、容積の適正配分制度を設け、幹線道路沿いに緩衝建築物を誘導するため、後背地における容積率を幹線道路沿いに移転することを可能としたこと。
b 地区のまちづくりに対する気運を適切に把握するため、沿道地区整備計画の策定についての要請制度を導入したこと。
c 沿道地区計画の実現手法の一つとして、沿道に散在的かつ自発的に発生する所有権の移転等の動きを捉えて、新しい土地所有者等が主体的に緩衝建築物の建築、土地利用の整序、オープンスペースの確保を図ることを促進する仕組み（沿道整備権利移転等促進計画）を創設したこと。

さらに、平成14年の幹線道路の沿道の整備に関する法律の改正によ

り、沿道地区計画に関して、その自由度を高め、一層の汎用化を図る観点から、容積率等の特例制度について、それまで定めることができた容積適正配分型に加え、誘導容積型、高度利用型、用途別容積型、街並み誘導型を定めることができることとした。また、土地利用の転換が生じ、公共施設の整備が不十分である土地の区域における高度利用と都市機能の増進を図る制度として、沿道再開発等促進区を定めることができることとしたところである。

〈参考：都市計画運用指針Ⅳ－2－1－Ⅱ）－H－3　沿道地区計画〉

（7）集落地区計画の趣旨

　近年、都市計画区域と農業振興地域とが重複した地域を中心に混住化、兼業化の進展等から虫喰い的農地転用による農業生活機能の低下、無秩序な建築活動による居住環境の悪化等土地利用の面を中心に営農条件及び居住環境の両面にわたり問題が生じている。他方、現下の農業を取り巻く厳しい状況に対処し、生産性の高い農業の確立が一層強く求められており、また、都市化の進展に伴い良好な居住環境を享受しようとする住民の要請はますます強くなっている。

　このような観点から、昭和62年に制定された集落地域整備法は、地域の実情にきめ細かく対応できるよう居住、農業生産の基礎的単位である集落及び周辺の農用地の地域を含む一定の地域について、それぞれの整備のための前提条件である適正な土地利用が互いに調和のとれた形で実現されるよう、集落地域整備基本方針に基づき、都市的整備、農村的整備のそれぞれの手法の特性に応じ、計画的に整備が図られるよう措置したものであり、都市的整備のための新たな都市計画上の制度的枠組みとして創設されたのが集落地区計画である。

　都市計画区域（市街化区域を除く。）内の対象集落について、その計画的な施設の整備及び適正な土地利用の誘導を行うとともに、集落及びその周辺の地域の維持・振興を図る上で必要な宅地需要に応えるために、集落地区計画

の積極的活用が望まれる。

〈参考：都市計画運用指針Ⅳ—2—1—Ⅱ）—H—4　集落地区計画〉

(8) 地区計画の策定される土地の区域

　地区計画制度が創設された当時は、地区計画を定めることができる地域は、市街化区域内と未線引き都市計画区域のうち不良な街区の環境が形成されるおそれがある場合等における用途地域の定められている地域に限られていた。そして、市街化調整区域においては、集落地域整備法の対象地域に限って、集落地区計画制度に基づく詳細な土地利用規制が行われてきた。しかし、集落地域以外の市街化調整区域内の地域においても、許容されている開発行為や建築行為を適切に規制・誘導し、良好な都市環境の維持・形成を図る必要があることから、平成4年に、地区計画の対象地域が拡大された。すなわち、市街化調整区域においても、現に都市的土地利用が行われている地域又は将来行われることが確実な区域においては、土地利用計画を策定して、開発行為・建築行為を適切に規制・誘導することができることとされた。また、市街化調整区域における地区計画については、平成10年の改正において、対象地域の拡大等制度の拡充が行われた。

　その後、平成12年の改正においても、地区計画の策定範囲の見直しが行われた。この改正では、地区計画が既に汎用的な制度となっており、用途地域による一般的な規制を補完するものとして積極的な活用が求められるものであることから、用途地域が定められている場合には、どこでも地区計画を策定することができることとし、一方、用途地域が定められていない地域については、不良な街区の環境が形成される場合等地区計画の策定が特に必要な場合に策定できることとしたものである。

(9) 地区計画等の計画事項

　地区計画等に定める事項は、次に掲げる表のとおりである。

地区計画等に定める事項

(○：必ず定める事項　△：一定の場合に定める事項　□：定めるよう努める事項（●▲■：都市計画法以外の法律の規定に基づくもの））

地区計画等					
	地区計画	○種類・名称・位置・区域 □面積	□目標、整備・開発・保全に関する方針		△地区整備計画 △再開発等促進区 △開発整備促進区
	再開発等促進区	○種類・名称・位置・区域 □面積	□目標、整備・開発・保全に関する方針		□土地利用基本方針 ○道路、公園等（いわゆる1号施設）の配置及び規模
	開発整備促進区	○種類・名称・位置・区域 □面積	□目標、整備・開発・保全に関する方針		□土地利用基本方針 ○道路、公園等（いわゆる1号施設）の配置及び規模
	防災街区整備地区計画	○種類・名称・位置・区域 □面積	■目標、整備に関する方針	▲地区防災施設の区域（特定地区防災施設の区域を含む）	■特定建築物地区整備計画 ▲防災街区整備地区整備計画
	歴史的風致維持向上地区計画	○種類・名称・位置・区域 □面積	■目標、整備・保全に関する方針		■土地利用基本方針 ▲歴史的風致維持向上地区整備計画
	沿道地区計画	○種類・名称	■沿道の整備		▲沿道地区整

		・位置・区域 □面積	に関する方針		備計画 ▲沿道再開発等促進区
	沿道再開発等促進区	○種類・名称 ・位置・区域 □面積	■沿道の整備に関する方針		■土地利用基本方針 ●道路、公園等（いわゆる1号施設）の配置及び規模
	集落地区計画	○種類・名称 ・位置・区域 □面積	■目標、整備・開発・保全に関する方針		▲集落地区整備計画

(10) 建築物等の形態又は色彩その他の意匠の制限

　景観法により新たに地区計画等に定められた建築物の形態又は色彩その他の意匠の制限に対する市町村長の認定制度を創設することに伴い、従前の政令事項を法律事項としたものである。

(11) 地区整備計画等の計画事項

　地区整備計画等に定めることのできる事項は、次に掲げる表のとおりである。

地区整備計画等に定めることができる事項

※法律…○ 政令…△

	地区整備計画	特定建築物地区整備計画 防災街区整備地区整備計画	歴史的風致維持向上地区整備計画	沿道地区整備計画	集落地区整備計画
地区施設等の配置及び規模	○	○ （※2）	○	○	○

第2章 都市計画の内容

区域		○ (※3)			
建築物等の用途の制限	○	○	○	○	○
建築物の容積率の最高限度	○	○	○	○	
建築物の容積率の最低限度	○ (※1)	○	○	○	
建築物の建蔽率の最高限度	○	○	○	○	○
建築物の敷地面積の最低限度	○	○	○	○	△
建築物の建築面積の最低限度	○ (※1)	○	○	○	
壁面位置の制限	○	○	○	○	△
壁面後退区域における工作物の設置の制限	○	○	○	○	
建築物等の高さの最高限度	○	○	○	○	○
建築物等の高さの最低限度	○ (※1)	○	○	○	
建築物等の形態又は色彩その他の意匠の制限	○	○	○	○	○
建築物の緑化率の最低限度	○	○	○	○	
垣又はさくの構造の制限	△	△	△	△	△
現に存する樹林地、草地等で良好な居住環境を確保するため必要なものの保全に関する事項	○	○ (※2)	○	○	○
土地の利用に関する事項で政令で定めるもの	○	○ (※2)	○	○	○

建築物の構造に関する防火上必要な制限		○			
建築物の構造に関する防音上又は遮音上必要な制限				○	
建築物の間口率の最低限度		○ （※3） （※4）		○ （※5）	

※1　市街化調整区域において定められる地区整備計画については定めることができない。
※2　防災街区整備地区整備計画についてのみ定めることができる。
※3　特定建築物地区整備計画についてのみ定めることができる。
※4　建築物の特定地区防災施設に係る間口率
※5　建築物の沿道整備道路に係る間口率

(12) 再開発等促進区・沿道再開発等促進区

　再開発等促進区は、土地の利用状況が著しく変化しつつあるものの、適正な配置及び規模の公共施設がない区域等において、一体的かつ総合的な市街地の再開発又は開発整備を行い、土地の合理的かつ健全な高度利用と都市機能の増進とを図る区域として地区計画に定めるものであり、こうした土地利用転換に伴い変更が必要となる従来の土地利用規制について、いわゆる1号施設を整備することにより、容積率の緩和等を認めるものである。
　具体的には、容積率等に係る次の特例措置が再開発等促進区において適用される（☞建築基準法68条の3）。

a　容積率制限の緩和

　　地区整備計画が定められている区域（容積率の最高限度が定められている区域に限る。）内において、地区計画の内容に適合する建築物で、特定行政庁が交通上、安全上、防火上及び衛生上支障がないと認めるものについては、用途地域で定められた容積率の制限は適用しない。

b　建蔽率制限の緩和

　　地区整備計画が定められている区域（建蔽率の最高限度が10分の6以下の数値で定められている区域に限る。）内において、地区計画の内容に適合する建築物で、特定行政庁が交通上、安全上、防火上及び衛生

上支障がないと認めるものについては、用途地域で定められた建蔽率の制限は適用しない。

c　高さ制限の緩和

地区整備計画が定められている区域（高さの最高限度が20m以下の高さで定められている区域に限る。）内において、地区計画の内容に適合し、かつ、その敷地面積が300㎡以上の建築物で、特定行政庁が交通上、安全上、防火上及び衛生上支障がないと認めるものについては、低層住居専用地域内の絶対高さ制限は適用しない。

d　斜線制限の緩和

地区整備計画が定められている区域内において、敷地内に有効な空地が確保されていること等により、特定行政庁が交通上、安全上、防火上及び衛生上支障がないと認めて許可したものについては、斜線制限は適用しない。

e　用途制限の緩和

地区計画において定められた土地利用に関する基本方針に適合し、かつ、当該地区計画の区域における業務の利便の増進上やむを得ないと認めて特定行政庁が許可した建築物については、用途制限は適用しない。

また、沿道再開発等促進区は、例えば、沿道整備道路沿いの大規模な低・未利用地において再開発を行う場合であって、公共施設が整備されていない一方、周囲が市街化して、学校や低層住宅等が立地しているようなときに、いわゆる1号施設として道路、公園等の整備を行いつつ、周辺市街地への騒音被害を軽減する観点から、沿道に高層建築物の建築を誘導するために、沿道地区計画において定めることが想定されるものである。なお、沿道再開発等促進区についても、再開発等促進区と同様の容積率等の緩和が可能である。

(13) 再開発等促進区・沿道再開発等促進区が定められる土地の区域

再開発等促進区は、まとまった低・未利用地等相当程度の土地の区域における土地利用の転換を円滑に推進するため、都市基盤整備と建築物等との一体的な整備に関する計画に基づき、事業の熟度に応じて市街地のきめ細かな整備を段階的に進めることにより、都市の良好な資産の形成に資するプロジェクトや良好な中高層の住宅市街地の開発整備を誘導することにより、都市環境の整備・改善及び良好な地域社会の形成に寄与しつつ、土地の高度利用と都市機能の増進を図ることを目的としている。

また、沿道再開発等促進区は、沿道整備道路沿いの相当程度の低・未利用地等において、必要な公共施設の整備を行いつつ一体的に再開発することにより、道路交通騒音による障害の防止に寄与しつつ、土地の高度利用と都市機能の増進を図ること等を目的としている。

このため、例えば、次に掲げる場合において再開発等促進区や沿道再開発等促進区を定めることが考えられる。

a 工場、倉庫、鉄道操車場又は港湾施設の跡地等の相当規模の低・未利用地について、必要な公共施設の整備を行いつつ一体的に再開発することにより、土地の高度利用を図る場合

b 埋立地等において必要な公共施設の整備を行いつつ一体的に建築物を整備し、土地の高度利用を図る場合

c 住居専用地域内の農地、低・未利用地等における住宅市街地への一体的な土地利用転換を図る場合

d 老朽化した住宅団地の建替えを行う場合

e 木造住宅が密集している市街地の再開発等の場合

〈参考：都市計画運用指針Ⅳ—2—1—Ⅱ）—G—3—(3)〉

(14) 開発整備促進区を定める地区計画制度

大規模集客施設の立地は、従来、広い地域で可能となっていたが、都市構

造やインフラに大きな影響を及ぼすことから、都市計画の手続を経ることにより、地域の判断を反映した適正な立地を確保することが必要である。

そこで、平成18年の都市計画法等の改正において、従来、大規模集客施設の立地が可能であった地域のうち、多様な用途を許容する商業地域等を除いた地域（第2種住居地域、準住居地域及び工業地域並びに非線引き都市計画区域の白地地域）では、その立地を一旦制限することとし、これらの地域で大規模集客施設を立地しようとする場合には、開発整備促進区を定める地区計画を定めることを要することとしたものである。

開発整備促進区を定める地区計画制度を活用することにより、用途地域を変更せず、スポット的に大規模集客施設の立地を認めることができるほか、道路等の必要な公共施設（1号施設等）の整備が行われることで、周辺環境への影響を抑えつつ、良好な市街地の形成を図ることが可能となる。

(15) 開発整備促進区の効果

開発整備促進区を定める地区計画においては、道路等の公共施設の配置及び規模を定めるとともに、土地利用に関する基本方針を定めるよう努めることとされている（☞法12条の5Ⅴ）。開発整備促進区内において建築等をしようとする大規模集客施設が、当該土地利用に関する基本方針に適合し、特定行政庁が商業その他の業務の利便の増進上やむを得ないと認める場合には、用途地域の用途制限にかかわらず、特定行政庁の許可を得て建築等が可能となる（☞建築基準法68条の3Ⅷ）。この場合において、特定行政庁が許可しようとする場合には、公聴会の開催と建築審査会の同意が必要となる（☞同法48条ⅩⅤ）。

また、開発整備促進区における地区整備計画において、当該区域に誘導すべき大規模集客施設の用途及びその敷地を定めた場合には、当該区域内において建築等をしようとする大規模集客施設のうち、地区整備計画の内容に適合し、特定行政庁が交通、安全、防災、衛生上支障がないと認めるものについては、用途地域の用途制限にかかわらず建築等をすることが可能となる

(☞同法68条の3Ⅶ)。

(16) 開発整備促進区を定める地区計画を定めることができる区域

商業地域、第1種住居地域及び工業専用地域については、それぞれ以下の理由により、開発整備促進区を定めることができない。

a 商業地域

そもそも大規模集客施設の立地が可能であり、これを定めても法的効果がない。

b 第1種住居地域

住居の環境を保護するため定める地域であり、法改正前においても3,000㎡以上の店舗等の立地は認められておらず、そのような地域に大規模集客施設を立地させることは適当でない。

c 工業専用地域

工業の利便の増進のため定める地域であり、規模にかかわらず店舗等の立地は認められておらず、大規模集客施設を立地させることは適当でない。

また、市街化調整区域は、市街化を抑制すべき区域であることから、原則として用途地域は定めないこととし、開発許可制度により開発を抑制する仕組みとなっている。一方、開発整備促進区を定める地区計画は、用途地域による用途制限にかかわらず大規模集客施設の立地を認めようとするものであり、市街化調整区域にはなじまないため、開発整備促進区を定める地区計画を定めることができないこととしている。なお、市街化調整区域において大規模集客施設を立地しようとする場合には、地区計画に適合する建築物等の建築等の用に供する目的で行う開発行為は許可できるとする基準があることから（☞法34条Ⅹ）、都市計画において通常の地区計画を定めることで立地することが可能となる。

(17) 地区施設と都市計画施設の関係

　従来、道路、公園等の施設は、都市施設に関する都市計画として決定され整備されてきたが、都市計画施設は都市計画区域全体からみて必要な施設を都市計画で定めるものであり、いわば都市レベルの施設計画であるため、地区レベルからみて必要な細街路、小公園等の施設については都市計画上十分に対応がされてきたとは言い難い。このようなことから、地区レベルからみて必要な施設を都市計画上位置づけるものとして、地区レベルの計画である地区計画において、建築物に関する事項とともに主として街区内の居住者等の利用に供される地区施設の整備に関する計画を定めることができることとされた。

　地区施設として定めることができるのは、主として街区内の居住者等の利用に供される道路又は公園、緑地、広場その他の公共空地とされているが、都市計画施設と地区施設の果たす機能が異なっていることから、地区施設は、都市レベルで決定された都市計画施設が整備されることを前提として定められるべきものと考えられ、法律上も都市施設に関する都市計画決定がされている施設については、地区施設として定めることができないこととされている。

(18) 1号施設

　大きく土地利用転換を行うこととなる再開発等促進区や開発整備促進区を定める地区計画の土地の区域では、従来の土地利用規制の変更が必要となってくるが、一方で、このような地区には十分な公共施設が備わっていないことが多いことから、公共施設の整備と連動した土地利用規制の変更を可能とするため、再開発等促進区又は開発整備促進区には、原則としていわゆる1号施設として道路、公園等の施設を定めなければならないこととしている（なお、都市計画法第12条の5第5項1号に規定されているため「1号施設」と称している。）。

　1号施設は、地区全体の土地の高度利用と都市機能の更新を図る上で重要

となる都市計画施設以外の公共施設であり、専ら街区内に居住する住民等が利用する宅地回りの施設である地区施設より規模が大きいものである。

　一定規模以上の地区においては、建築物、公共施設の整備が一斉に行われることは少なく、段階的に行われることが多いと考えられ、このような場合には、土地利用に関する基本方針についてはあらかじめ定めておき、いわゆる１号施設の配置及び規模については、建築物、公共施設の整備の熟度に応じて定めることが適当と考えられる。

　このため、当面、建築物及び建築敷地の整備又はこれらと併せて整備されるべき公共施設の整備が行われる見込みがないときや、住民の意見調整に時間を要する等の特別の事情が存する場合には、１号施設の配置及び規模を定めなくてもよいこととしたものである。

(19) 特定建築物地区整備計画

　防災街区整備地区計画は、密集市街地の防災性の向上を図るために定めるものであり、そのために道路等の地区の防災性の向上を図るための公共施設を地区防災施設として特別に計画事項とするものであるが、道路の幅員が狭い場合等、地区防災施設だけでは特定防災機能を確保することができない場合には、地区防災施設に沿って耐火建築物等の建築を誘導する必要がある。

　このため、特定地区防災施設と一体となって特定防災機能を発揮するために定める建築物等に関する制限の計画を特定建築物地区整備計画として位置づけている。

　特定建築物地区整備計画の計画事項としては、地区整備計画とは異なり、地区施設や土地利用に関する事項を含まず、建築物等に関する事項に限定されるが、建築物の構造に関する防火上必要な制限、間口率の最低限度、セットバック空間における工作物の設置制限を一般の地区整備計画に加えて定めることができることにより、地区の特定防災機能の確保に資するものである。

(20) 地区整備計画を定めなくてもよい場合

　一定規模以上の地区においては、建築物、公共施設の整備が一斉に行われ

ることは少なく、段階的に行われることが多いと考えられ、このような場合には、区域の整備、開発及び保全の方針についてはあらかじめ定めておき、地区施設の配置及び規模や具体の建築計画等を定める地区整備計画については、建築物、公共施設の整備の熟度に応じて定めることが適当と考えられる。

このため、当面、建築物及び建築敷地の整備又はこれらと併せて整備されるべき公共施設の整備が行われる見込みがないときや、住民の意見調整に時間を要する等の特別の事情が存する場合には、地区整備計画を定めなくてもよいこととしたものである。

上記の特別の事情が解消した場合には、地区整備計画を定めることが必要になる。

なお、特別な事情とは、地区計画の区域が広い範囲にわたり、土地の所有者その他利害関係を有する者の意見調整に時間を要する場合、大規模な市街地開発事業等が行われている地区でその整備の進捗状況に合わせて具体的規制内容等を定めていく場合等が考えられる。

34 誘導容積型地区計画等

（１）誘導容積型地区計画
① 誘導容積型地区計画制度の趣旨

誘導容積型地区計画制度は、適正な配置及び規模の公共施設がない土地の区域において、地区整備計画に区域の特性に応じた容積率の最高限度（目標容積率）と区域内の公共施設の整備の状況に応じた容積率の最高限度（暫定容積率）を併せて定め、道路等の公共施設が不十分な段階では低い方の暫定容積率を適用し、道路等の公共施設の整備に伴い高い方の目標容積率を適用することにより、公共施設の整備を伴った土地の有効利用を誘導することを目的とする制度である。

この制度は、土地の有効利用が必要とされているにもかかわらず、公共施設が未整備のため、土地の有効利用が十分に図られていない地区が広範に存

在し、また、そのため都心に近い既成市街地で土地の有効利用が図られていない地域を残存しつつ市街地が外延的に拡大するという都市構造上の問題に対応するために、平成4年に創設されたものである。また、平成14年の都市計画法の改正により、沿道地区計画及び防災街区整備地区計画にも適用対象が拡大されている。

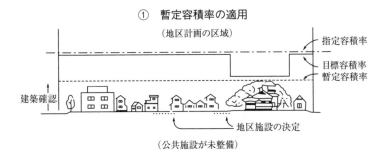

① 暫定容積率の適用

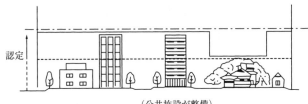

② 目標容積率の適用

〈参考：都市計画運用指針Ⅳ―2―1―Ⅱ）―G―4　誘導容積型地区計画〉

② **誘導容積型地区計画の適用**

　誘導容積型地区計画は、適正な配置及び規模の公共施設がない土地の区域において適正かつ合理的な土地利用の促進を図るため特に必要であると認められる場合に定められるものであり、その活用が想定される土地の区域としては、例えば次のような場合がある。

　　a　老朽化した木造共同住宅が密集している地域等居住環境が不良な住宅市街地において、公共施設を整備しつつ建築物の建て替え等を誘導し、適正かつ合理的な土地利用の促進、居住環境の向上等を図る必要

がある場合
- b 計画的宅地化を図るべき市街化区域内農地の存する地域、新たに市街地として開発整備を図るべき地域等において、公共施設を整備しつつ、良好な市街地の形成を図る必要がある場合
- c 未整備な幹線道路の沿道の地域において、幹線道路及び地区の公共施設を整備しつつ、一体的に土地の有効利用を図る必要がある場合

また、誘導容積型地区計画の適用は、地区整備計画が定められている区域のうち、地区施設の配置及び規模、目標容積率が暫定容積率を超えて容積率の最高限度が定められており、かつ、地区計画条例で当該容積率の最高限度に関する制限が定められている場合に、地区計画の内容に適合し、かつ、特定行政庁が交通上、安全上及び衛生上支障がないと認める建築物について、暫定容積率に代えて目標容積率を適用することとしている（☞建築基準法68条の4）。

（2）容積適正配分型地区計画

① 容積適正配分型地区計画制度の趣旨と目的

容積適正配分型地区計画制度は、用途地域内の適正な配置及び規模の公共施設を備えた地区計画の区域において、有効高度利用を図るべき区域と容積を抑えるべき区域とを区分して、用途地域で定めた容積率の範囲内で容積率を配分することによって、地区の特性に応じた容積率規制の詳細化を図り、土地の合理的な利用と良好な都市環境の形成や保護を図ることを目的とする制度である。

都市においては、経済、社会、文化等の諸活動が集約的に行われ、かつ、高度な土地利用を前提に都市基盤施設の整備が重点的に行われているなど、諸活動の基盤としての土地の重要度は極めて高い。このため、各種土地利用の競合、錯綜を調整し、適正かつ合理的な利用を促進していくことが必要である。

一方で、地価の高騰とそれに伴う住宅地への業務ビルの無秩序な進出等に

より住宅が減少し、人口の著しい減少がみられる地区が存在する。これらの地区においては、人口の空洞化に伴う都市構造の歪みや都心部の公共公益施設の遊休化等の問題が生じており、当該地区の合理的な土地利用を図るという観点からも問題となっている。

　この制度は、これらの問題に対応するために、平成4年に創設されたものである。なお、平成8年の幹線道路の沿道の整備に関する法律の改正により、沿道地区計画においても、幹線道路沿いに緩衝建築物を誘導するため、容積の適正配分制度が導入され、後背地における容積率を幹線道路沿いに移転することが可能とされたところである。

　また、平成19年の密集市街地における防災街区の整備の促進に関する法律の改正により、防災街区整備地区計画においても、道路等の公共施設の整備と老朽建築物の一体的な建替を促進するため、容積の適正配分制度が導入され、道路等の公共施設の整備に先行して受け皿住宅等の敷地に容積を移転することが可能とされたところである。

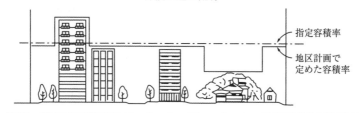

〈参考：都市計画運用指針Ⅳ－2－1－Ⅱ）－G－5　容積適正配分型地区計画〉

②　容積適正配分型地区計画の適用

　容積適正配分型地区計画制度は、良好な市街地環境の確保と合理的土地利用の促進の観点から、地区整備計画が定められている土地の区域のうち、容積率の最低限度、敷地面積の最低限度、壁面の位置の制限（道路に面する壁面の位置を制限するものに限る。）が定められ、かつ、地区計画条例でそれらの制限が定められている場合に、当該地区計画において定められた容積率の

第2章 都市計画の内容

最高限度を指定容積率とみなすこととしている（☞建築基準法68条の5）。

　都市計画における容積率は、地域ごとに当該地域における公共施設への負荷等を勘案しつつ定められるので、その地域で整備されている公共施設への過度の負荷を伴わなければ、容積の適正配分を行い、他の区域の容積を抑えつつ、ある区域で適正な有効高度利用を図るため、用途地域で定められた容積率を超えた容積を有する建築物を建築することは支障がないと考えられる。

　しかしながら、容積の適正配分により高容積の建築物が建築される区域においては、密度の増大を伴い土地の有効高度利用が図られる反面、個別の公共施設への負荷との関係で市街地環境に悪影響を及ぼす危険性も大きいので、当該区域の土地利用の動向、地区レベルの公共施設の整備状況等を勘案して、区域ごとの容積率を適正に設定する必要がある。このため、容積適正配分型地区計画制度については、適用する土地の区域を限定し、良好な市街地環境の確保の面で支障が生じないように十分な手当があり、都市機能の増進等の都市計画上の必要性が備わっていることにより適用にふさわしい将来像を持った土地の区域に限定するため、一定の地区計画が定められた区域に限定したものである。

　容積適正配分型地区計画制度は、適正な配置及び規模の公共施設を備えた土地の区域において区域の特性に応じた合理的な土地利用の促進を図るため特に必要であると認められる場合に適用されるが、その活用が想定される土地の区域としては、例えば次のような場合がある。

　　a　誘導容積型地区計画制度を適用して公共施設を整備しつつ土地の有効利用を図る上で、都市計画に定められている道路等主要な道路に面する区域に高い容積率を定めることにより、当該区域において合理的な土地利用を促進するとともに、当該主要な道路と接続する道路の整備を促進する等、容積の適正配分によって公共施設の整備を促進することが必要な場合

　　b　土地利用上一体性のある区域において、住宅供給の促進、文化施設

その他の公益上必要と認められる施設の整備その他都市機能の増進等のため指定容積率を超えて有効高度利用を図るべき区域及び樹林地、オープンスペース等の保全又は形成、伝統的建造物の保存、良好な計画・街並みの保全又は形成等のため低い容積率を適用すべき区域がある場合

③ 容積の適正配分の限度

地区計画においては、容積率の最高限度は、当該地区計画の区域の土地利用の適正な増進にも配慮しつつ、良好な環境の各街区が形成され、又は保持されるよう定めることとされており、この観点から、当該区域における市街地空間の計画策定に当たって局所的に高い容積率の設定が必要となる場合であっても、局所的な公共施設に対する負荷の増大等によって地区の市街地環境の保全に著しい支障を来すことのないように定められることが必要である。

したがって、容積の適正配分は、当該地区計画の区域内の用途地域で定められた総容積の範囲で適用されるものである。

（3）高度利用型地区計画
① 高度利用型地区計画制度の趣旨と目的

高度利用型地区計画は、既に公共施設の整備がなされている土地の区域について、建築物の建築形態を規制することにより敷地内に空地を確保し、これに対して容積率を緩和することにより、その区域の合理的かつ健全な高度利用と都市機能の更新を図るものである。

高度利用型地区計画の区域内の建築物については、高度利用地区と同様に、一定の場合に、容積率が緩和されるとともに、道路斜線制限についても適用されない（☞建築基準法68条の5の3Ⅰ・Ⅱ）。

地区計画制度における容積率の緩和措置である再開発等促進区は、公共施設の整備と連動して容積率を緩和する制度であるため、既に十分な公共施設の整備がなされている場合には適用することができず、また、建築物の建築

形態を規制することによって敷地内に空地を確保し、これに対して容積率を緩和する高度利用地区や特定街区といった地域地区も存在するが、このような手法は地区計画制度では制度化されていなかった。

したがって、既に公共施設の整備がなされている区域で、地域のまちづくりのための詳細な計画を定めつつ容積率の緩和を行おうとする場合、地区計画を定めるとともに、別途、地域地区である高度利用地区等を定める必要があったため、ひとまとまりの区域におけるまちづくりの計画であるにもかかわらず一覧性がない、地域の特性に応じた詳細な規制と組み合わせた形での容積率の緩和を行うことが計画しにくい等の不都合が生じていた。

このため、平成14年の都市計画法の改正において、高度利用型地区計画を創設し、地区計画において、既に公共施設の整備がなされている土地の区域について、建築物の形態を規制することにより容積率を緩和することができることとしたものである。

なお、沿道地区計画についても、既に公共施設が整備されている区域が想定されることから、高度利用型の沿道地区計画を定めることができることとしている。

〈参考：都市計画運用指針Ⅳ—2—1—Ⅱ）—G—6　高度利用型地区計画〉

② 高度利用型地区計画の適用

高度利用型地区計画は、用途地域内で定めることとされているが、第1種低層住居専用地域、第2種低層住居専用地域及び田園住居地域においては、そもそも低層での土地利用が想定されており、建築物の建築形態を規制することで高度利用を図るという高度利用型地区計画制度の趣旨に反することから、高度利用型地区計画を定めることはできないこととしている。

高度利用型地区計画が活用されることが想定される土地の区域としては、例えば次のような場合がある。

　　a　枢要な商業施設、業務用地又は住宅用地として土地の高度利用を図るべき区域であって、現存する建築物の相当部分の容積率が都市計画

で指定されている容積率より著しく低い場合
b　土地利用が細分化されていること等により土地の利用状況が著しく不健全な地区であって、都市環境の改善上又は災害の防止上土地の高度利用を図るべき場合
c　都市基盤整備が高い水準で整備されており、かつ、高次の都市機能が集積しているものの、建築物の老朽化又は陳腐化が進行しつつある区域であって、建築物の建替えを通じて都市機能の更新を誘導する場合
d　大部分が第1種中高層住居専用地域及び第2種中高層住居専用地域内に存し、かつ、大部分が建築物その他の工作物の敷地として利用されていない区域で、その全部又は一部を中高層の住宅用地として整備する場合
e　高齢社会の進展等に対応して、高齢者をはじめとする不特定多数の者が円滑に利用できるような病院、老人福祉センター等の建築物を整備すべき区域であって、建築物の建替え等を通じた土地の高度利用により都市機能の更新・充実を誘導する場合

(4) 用途別容積型地区計画
① 用途別容積型地区計画制度の趣旨と目的

　用途別容積型地区計画制度は、住宅の減少の著しい地区等において当該地区の特性に応じた合理的な土地利用の促進を図るため、住居と住居以外の用途を適正に配分することが特に必要であると認められるときに、地区計画において容積率の上限を住宅を含む建築物に係るものとそれ以外のものとに区分し、住宅を含む建築物に係る容積率の上限をそれ以外のものの容積率以上に定めるとともに、このようにして定めた容積率の上限をベースの用途地域で定めた容積率に代えて適用することで、住宅を含む建築物の容積率の上限を引き上げ、当該地区における住宅用途の適正配分を図ることを目的とする制度である。

第2章 都市計画の内容

　この制度は、大都市の都心部又はその周辺部の住宅と商業等の用途が混在している市街地においては、地価高騰や業務ビル等の開発の進行等の影響を受け、住宅や人口の著しい減少を示している地区においては、人口減少と人口の外延化に伴う都市構造の歪みや都心部の公共公益施設の遊休化等の問題が生じており、当該地区の合理的な土地利用を図るという観点からも問題を生じていること、また、一方で、大都市を中心に住宅・宅地需給がひっ迫しており、既成市街地の土地の合理的かつ健全な高度利用による住宅供給の必要性が高まっていることから、平成2年に創設されたものである。

　なお、平成14年の都市計画法の改正により、沿道地区計画及び防災街区整備地区計画にも適用対象が拡大されている。

　〈参考：都市計画運用指針Ⅵ—2—1—Ⅱ）—G—7　用途別容積型地区計画〉

② 用途別容積型地区計画の適用

　用途別容積型地区計画制度は、良好な市街地環境の確保と合理的土地利用の促進の観点から、第1種・第2種住居地域、準住居地域、近隣商業地域、商業地域又は準工業地域内で地区整備計画が定められている土地の区域のうち、容積率の最高限度（その全部又は一部を住宅の用途に供する建築物に係るものの数値がそれ以外の建築物に係るものの数値以上で、かつ、用途地域による指定容積率の数値以上その1.5倍以下で定められている場合に限る。）、容積率の最低限度、敷地面積の最低限度、壁面の位置の制限（道路に面する壁面の位置を制限するものを含むものに限る。）が定められ、かつ、地区計画条例でそれらの制限のうち容積率の最高限度以外のものが定められている場合に、当該地区計画において定められた容積率の最高限度を指定容積率とみなすこととしている（☞建築基準法68条の5の4）。

　住宅・非住宅の別による用途別容積型地区計画制度は、地区の特性に応じた合理的な土地利用の促進を図るため、住居と住居以外の用途とを適正に配分することが特に必要であると認められるときに適用されるものであるが、

用途別容積型地区計画制度が適用された地区においては住宅を含む建築物の容積率の上限がベースの用途地域の容積率の上限より高くなるため、市街地環境に一定の影響を及ぼすものと考えられるので、地区の特性に応じて建築物等に関するきめ細かな規制が行える地区計画の区域に限定して適用することとしたものである。

○地区計画区域では、
① 容積率の最高限度（住宅・非住宅別）
② 容積率の最低限度
③ 敷地面積の最低限度
④ 壁面の位置の制限
を決定

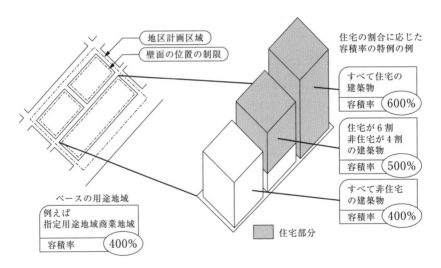

(5) 街並み誘導型地区計画
① 街並み誘導型地区計画制度の趣旨と目的
　街並み誘導型地区計画制度は、地区の特性に応じた建築物の高さ、配列及び形態を地区計画として一体的に定め、工作物の設置の制限等必要な規制を行うことにより、前面道路幅員による容積率制限などの建築物の形態に関する制限の緩和を行い、個別の建築活動を通じて街並みを誘導しつつ、土地の合理的かつ健全な有効利用の推進及び良好な環境の形成を図ることを目的とする制度である。

　この制度は、前面道路幅員による容積率制限、斜線制限といったいわゆる形態制限が、地区の採光、通風等の環境を確保することを目的とした全国一律の基準により行われているのに対し、幅員の広い道路沿いに比べ、地区内道路の整備水準の低い街区の内側で、土地の有効利用が進んでいない等の我が国の多様な市街地の実態を踏まえ、地域住民の意向を十分に把握し、一定の環境確保の担保措置を講じた上で、地区の特性に応じたきめ細かな規制誘導を行うために、平成7年に創設されたものである。なお、平成14年の都市計画法の改正により、沿道地区計画及び防災街区整備地区計画に適用対象が拡大され、さらに平成20年に創設された歴史的風致維持向上地区計画にも適用されている。

② 街並み誘導型地区計画の適用
　街並み誘導型地区計画による前面道路幅員による容積率制限及び斜線制限の緩和は、良好な市街地環境の確保と合理的土地利用の促進を図る観点から、地区整備計画が定められている区域のうち、次のaからe（斜線制限の緩和の場合はd以外）の制限が定められ、かつ、地区計画条例でa、c、eの制限が定められている場合で、特定行政庁が交通上、安全上、防火上及び衛生上支障がないと認める場合に限られる（☞**建築基準法68条の5の5**）。

　　a　壁面の位置の制限（道路に面する壁面の位置を制限するものを含むものに限る。）

b　壁面後退区域における工作物の設置制限（当該壁面後退区域において連続的に有効な空地を確保するため必要なものを含むものに限る。）
　　c　建築物の高さの最高限度
　　d　建築物の容積率の最高限度
　　e　建築物の敷地面積の最低限度
　形態制限を緩和するためには、地区の特性に応じて必要な規制を行い、地区の建築物の形態を一体的に誘導して一定の環境水準を確保することが必要となるため、きめ細かに良好な環境を確保しつつ建築物の規制誘導を図ることができる地区計画の区域に限定して適用することとしたものである。

③　制限の義務づけ

　前面道路幅員による容積率制限や斜線制限は、地区レベルで市街地の環境を確保することを目的としていることから、地区計画により地域の特性や住民の意向を踏まえてこれを緩和する場合にあっても、良好な市街地環境が確保されるよう、最低限必要な事項は必ず定めることとする必要がある。
　具体的には、壁面の位置の制限（道路に面する壁面の位置を制限するものを含むものに限る。）、建築物の高さの最高限度、壁面後退区域における工作物の設置の制限（当該区域において連続的に有効な空地を確保するため必要なものを含むものに限る。）を必須の計画事項とするものである。

　　a　壁面の位置の制限
　　　建築物の形態を誘導するとともに、道路側や隣地側に適切な空間を確保するために必要である。特に、道路側の壁面の位置については、連続的な空地の確保のために必ず必要となるものである。
　　b　建築物の高さの最高限度
　　　建築物の形態を誘導する最も基本的な要素であるとともに、地区において突出した建築物を抑制して地区全体の環境を保全するために必要となるものである。
　　c　工作物の設置制限

前面道路による容積率制限や斜線制限を緩和するためには、地区全体としての建築物の形態を整えるだけでなく、セットバックした道路側や隣地側に適切な空間を確保し、2面採光を確保するために必要となるものである。

④ 工作物の設置制限

工作物とは、土地に定着した人工物であり、一般の地区計画においても、法第12条の5第7項により、工作物の用途の制限、高さの最高限度又は最低限度、形態又は意匠の制限、垣又はさくの構造の制限については制限することが可能なものである。

街並み誘導型地区計画により新たに制限できる態様としては、工作物の位置の制限（例えば、垣は道路境界線から1m以上下がることとする等）、工作物の設置制限（例えば、自動販売機、機械式駐車施設、広告看板等の設置を制限する等）や複合的に制限事項を組み合わせた制限（例えば、看板については、道路境界線から1mまでは高さ50cmまで、2mまでは高さ1mまでとする等）が含まれることとなる。

（6）誘導容積型地区計画等の適用関係

誘導容積型地区計画等の地区計画等への適用関係は以下の表のとおりである。

	地区計画	再開発等促進区	開発整備促進区	防災街区整備地区計画	歴史的風致維持向上地区計画	沿道地区計画	沿道再開発等促進区	集落地区計画
誘導容積型	○	○	○	○		○	○	
容積適正配分型	○			○		○		
高度利用型	○					○		
用途別容積型	○	○		○		○	○	
街並み誘導型	○			○		○	○	

また、誘導容積型地区計画等は、再開発等促進区、沿道再開発等促進区や

開発整備促進区は、適正な配置及び規模の公共施設がない区域に定められるものであるため、誘導容積型地区計画等のうち、適正な配置及び規模の公共施設が整備されていることを前提とする容積適正配分型、高度利用型については定めることができないこととされている。

また、開発整備促進区は、大規模集客施設の立地を誘導するものであるため、住居と住居以外の用途を配分する用途別容積型については定めることができないこととされている。

(7) 立体道路制度
① 立体道路制度の趣旨

立体道路制度は、都市計画区域内において市町村マスタープラン（☞法18条の2）等に示される当該地区の望ましい市街地像を実現するために土地の有効利用を図るとともに、中心市街地の活性化やバリアフリー社会への対応など都市機能の増進を図ることを目的とするものである。

立体道路制度を活用する際には、特に、本来開放空間として確保されているべき道路空間を遮蔽することによる市街地環境の悪化が生じないよう建築行為等について適切な措置をとることが必要と考えられる。

そこで、道路の区域のうち建築物等の敷地として併せて利用すべき区域を定めるとともに当該区域及びその周辺の土地の区域における良好な市街地環境の維持・増進を図るための適切な規制・誘導を行うこととしたものである。

② 立体道路制度の対象となる道路の範囲

立体道路制度については、これまで自動車のみの交通の用に供する道路及び自動車の沿道への出入りができない高架その他の構造の道路に限定されていたが、近年、地方都市においてもその活用ニーズが認められること等から、平成30年に都市計画法が改正され、都市計画区域内の全ての道路を対象として、市街地の環境を確保しつつ、適正かつ合理的な土地利用の促進と都市機能の増進とを図るため、道路の上空又は路面下において建築物等の建築

第2章　都市計画の内容

又は建設を行うことが適切であると認められるときは、これを適用できることとしたものである。

また、例えば、ペデストリアンデッキ、自由通路やスカイウォークのような高架の歩行者専用道路については、街並みの連続性や賑わいの創出、駅周辺等におけるバリアフリー化といった観点からも、建築物との立体的利用を促進し、その整備を進めていくことが必要である。このため、歩行者専用道路、自転車専用道路及び自転車歩行者専用道路についても、立体道路制度を活用して差し支えない。

なお、いわゆる道路法の道路であっても、都市モノレール、新交通システム、路外駐車場（バスターミナルの機能を有するものを含む。）、路外駐輪場等のうち、一般的な道の機能を有しないものについては、建築基準法第42条の「道路」として取り扱わないこととして差し支えないことに留意することが必要である。

③　「市街地の環境の確保」、「都市機能の増進」が追加された理由

平成30年に都市計画法が改正され、「市街地の環境の確保」、「都市機能の増進」を追加した趣旨は、それぞれ以下のとおりである。

a　「市街地の環境の確保」

自動車専用道路や特定高架道路等以外の道路の上空又は路面下を立体的に利用した場合であっても、当該利用により避難上の支障や周辺建築物に係る日照阻害が生じることのないよう、法第12条の11に「市街地の環境の確保」の要件を追加することとした。

b　「都市機能の増進」

例えば一般の住宅地や稠密な細街路内部で単に小規模な建築物の敷地統合が図られるような立体道路制度の活用は不適当であり、

・駅前広場と拠点施設等の施設整備と建築物の合理的な整備が図られる

- 街区をまたぐことで大規模なフロア面積を確保できる
- 掘割の道路の上空をつなぐことで歩行経路を確保できる

といった政策効果の高い場合に限定するため、法第12条の11に「都市機能の増進」の要件を追加することとした。

④ 道路の区域のうち建築物等の敷地として併せて利用すべき区域を地区計画で定める理由

立体道路制度の適用に当たっては、

a 街区の環境の悪化を招かず、公共施設に過大な負荷が生じないよう、建築物の建蔽率、高さ、容積率等の設定等について、所要のきめ細かな規制、誘導を行う必要があること。

b 計画の策定に当たっては、計画を定めることとなる土地の区域内の利害関係者の意向を十分に反映させる必要があること。

などから、これを都市計画で位置づける場合には地区計画等によることが適当である。

地区計画等のうち、地区計画は区域内における防災性、安全性等を確保しつつ合理的な土地利用が行われることを目途としているので、良好な市街地環境を確保しつつ適正かつ合理的な土地利用の促進を図る立体道路制度とその趣旨を同じくしている。このため、地区計画を活用して道路の上下の空間に建築物等を建築又は建設できるようにすることとしたものである。

一方、防災街区整備地区計画は密集市街地の防災に関する機能を確保するための計画であり、歴史的風致維持向上地区計画は歴史的風致の維持及び向上を図るための計画であり、沿道地区計画は道路交通騒音により生ずる障害の防止等を目的とする計画であり、集落地区計画は集落地域において農業生産条件と都市環境との調和のとれた地域の整備を計画的に推進するための措置を講ずるものであり、これらはいずれも立体道路制度とは趣旨が異なる。したがって、防災街区整備地区計画、歴史的風致維持向上地区計画、沿道地区計画及び集落地区計画においては、道路の区域のうち建築物等の敷地とし

て併せて利用すべき区域を定めることは適切ではないものである。

⑤ 立体道路制度における道路上の容積率の決定

現行の都市計画における容積率制限は、道路上空の容積を想定して定められたものではないため、立体道路制度の運用に当たっては、道路上空の容積率について改めて位置づける必要がある。

この場合に、
- a 公共施設に対し、過大な負荷を生じさせることとならないか
- b 市街地環境の悪化をもたらさないか

に留意して、地区整備計画において適正な容積率を定めることが必要である。

なお、道路上空に定められる容積率は、地区計画においては、従前の用途地域に係る容積率以下となるものであるが、当該区域が再開発等促進区の区域内である場合にあっては、周辺の公共施設の整備状況を勘案し、用途地域に係る都市計画に定められた容積率を超える容積率を設定することも考えられる。

⑥ 地区計画に定める内容

地区計画においては、都市計画に地区整備計画を定めるとともに、当該地区計画の目標並びに当該区域の整備、開発及び保全に関する方針を定めるよう努めることとされている。

立体道路制度では、地区整備計画の計画事項として、道路の区域のうち建築物等の敷地として併せて利用すべき区域及び当該区域内における建築物等の建築又は建設の限界を定めることとなるが、これと併せて地区施設の配置や建築物の建蔽率、容積率、高さ等についても当該地区計画の区域内において良好な市街地環境が確保されるよう必要なものを定めることが望ましい。

⑦ 建築物等の建築又は建設の限界

重複利用区域及び建築物等の建築限界は、道路の上下の空間に建築物等を

建築又は建設できるようにするための土地利用の制限を行うものであり、道路の整備の観点から必要な空間を確保しようというものである。

したがって、重複利用区域における建築物等の建築限界を都市計画で定めるに当たっては、道路の構造及び道路区域となるべき空間を踏まえて、都市計画決定を行う必要がある。

このため、重複利用区域における建築物等の建築限界を定める場合には、これらの事項について当該道路の管理者又は管理者となるべき者の意向を踏まえるため、あらかじめ協議を行うこととしている（☞法23条Ⅶ）。

なお、「限界」は実際には道路の立体的区域（☞道路法47条の7）に一致することとなる。

35 都市計画基準

（１） 市街化調整区域内における地域地区

市街化調整区域については、原則として用途地域を定めないものとされている（☞法13条Ⅰ⑦）。この趣旨から、市街化調整区域について原則として新しく用途地域を定めることは適切でないほか、すでに用途地域が指定されている区域についても市街化調整区域となる場合は用途地域の指定を取り消すことになるが、小規模な集落又は建築物が多数散在している区域等特別な事情がある場合で、土地利用の規制の観点から必要な場合は、市街化調整区域とされた場合であっても、用途地域の存続が例外的に認められている（☞都市計画運用指針Ⅳ—2—1—Ⅱ）—D—1用途地域）。なお用途地域ではないが、これと類似の規制として、用途地域の定められていない土地の区域における開発行為について開発許可をする場合において必要があるときには、法第41条の規定により、建築物の敷地、構造及び設備に関する制限を定めることにより、規制を行うことができる。

次に、法第8条第2号の特別用途地区、第3号の高度地区若しくは高度利用地区又は第4号の2の特定用途誘導地区については用途地域内においてのみ決定することができ、第2号の2の特定用途制限地域又は第4号の2の居

第2章　都市計画の内容

住調整地域については市街化調整区域では決定できず、第2号の3の高層住居誘導地区は一定の用途地域内の地区においてのみ決定することができ、第4号の特定街区、第5号の防火地域又は準防火地域及び第6号の景観地区は、市街地において定めるものとされており、原則として用途地域内において決定を行い、建築物の敷地、構造等に制限を加えようとするものである。また、第4号の2の都市再生特別地区は、都市の再生に貢献し、土地の合理的かつ健全な高度利用を図る特別の用途等の建築物の建築を誘導する必要があると認められる区域に定められるものであり、第5号の2の特定防災街区整備地区は、防火地域又は準防火地域の区域内に定められる密集市街地の特定防災機能の確保等を図る地区である。したがって、これらは用途地域と同様に、市街化調整区域内については原則として定めることができないものと考えられる。

第7号の風致地区は、都市の風致を維持するための地区であり、その地区の性格から、市街化調整区域内においても定めることができる。

第8号の駐車場整備地区は、商業地域、近隣商業地域、第1種・第2種住居地域、準住居地域又は準工業地域（第1種・第2種住居地域、準住居地域及び準工業地域の場合は一定の特別用途地区内に限る。）内で自動車交通が著しく輻輳（ふくそう）する地区において定められるので、市街化調整区域については原則として定めることができない。

第9号の臨港地区は、港湾施設及び将来これらの施設のために供せられることが確実な用地によって占められる地域について指定され、その性格上市街化が予想される地域であるので、原則として市街化調整区域については定めることができないと解せられる。

第10号の歴史的風土特別保存地区、第11号の第1種歴史的風土保存地区及び第2種歴史的風土保存地区は、令第8条第2号ニの都市の環境を保持するため保全すべき土地に該当し、原則として市街化区域に含めないことにされているので、原則として市街化調整区域において定められることになる。

第13号の流通業務地区は、流通業務市街地として整備すべき区域であるの

で、原則としては市街化調整区域については定めることはできないと解される。

第14号の生産緑地地区は市街化区域内の農地等について定めることができるとされており、市街化調整区域においては、定めることができない。

第15号の伝統的建造物群保存地区は、都市計画区域内において、伝統的建造物群及びこれと一体をなしてその価値を形成している環境を保存するために定めることとされており、このような伝統的建造物の存する地区であれば、市街化区域であっても市街化調整区域であっても定めることができる。

第16号の航空機騒音障害防止地区又は航空機騒音障害防止特別地区は、特定空港の周辺について、航空機の騒音により生ずる障害を防止し、あわせて適正かつ合理的な土地利用を図るために定めるものであるので、特定空港の所在次第で、市街化区域であっても市街化調整区域であっても定めることができる。

なお、市街化区域及び市街化調整区域の区分がなされていない都市計画区域についても地域地区に関する都市計画を定めることができるが、この場合には、地域地区の設定については、一定のものを除き、都市計画区域内であれば特に制限がないのは、いうまでもない。

(2) 市街化調整区域内における都市施設

市街化調整区域は、市街化を抑制すべき区域として、市街化を促進するような公共投資は行わないこととなっているので、市街化を進めるような都市施設に関する都市計画は市街化調整区域については定めないであろう。しかし、直接に市街地の開発を目的としない地域間道路、市街化区域と他の市街化区域とを連絡する道路等については、定めることができ、また、公園、緑地等の公共空地、河川、処理施設等で市街化を促進するおそれがないものと認められるものについても、これを定めることは妨げないであろう。

(3) 市街化調整区域内等における市街地開発事業

法第13条第1項第12号には、市街地開発事業は、市街化区域内又は区域区

分が定められていない都市計画区域において定めるものと規定されている。これは、市街化区域と市街化調整区域の区分が行われた都市計画区域のうち、市街化を抑制すべき区域として定められた市街化調整区域について、積極的に市街化を図ることを目的とする市街地開発事業に関する都市計画を定めることは、適当でないためである。

特に、同号の規定は、第7号の規定とは異なり、「原則として」という規定もないので、市街化調整区域内において市街地開発事業に関する都市計画を定めることはできないと解すべきである。

36 都市計画の図書

（1） 総括図

総括図は、区域区分、地域地区、促進区域、都市施設、市街地開発事業及び市街地開発事業等予定区域、地区計画、防災街区整備地区計画、沿道地区計画及び集落地区計画の種類、位置、区域等を総合的に表示して、都市計画が目標とする当該都市の将来のビジョンを明らかにするとともに、これによって都市計画の個々の内容を全体像の中で位置づけ、都市計画の総合性、整合性を確保しようとするものである。

総括図の縮尺は、2万5,000分の1（当分の間は3万分の1）以上とされる（☞規則9条Ⅰ、同附則Ⅱ）。また、その作成については、都道府県が定める都市計画にあっては、区域区分並びに地域地区に関する都市計画は一葉の図面に表示するものとし、その他の都市計画は用途地域が表示されている図面等を用いてできる限り一葉の図面に表示するものとされる（☞規則9条）。また、市町村が定める都市計画にあっては、用途地域に関する都市計画は、市街化区域及び市街化調整区域が、道路に関する都市計画は市街化区域及び市街化調整区域並びに用途地域が、その他の都市計画は市街化区域及び市街化調整区域、用途地域並びに同種類の都道府県知事が定める都市施設が表示されている図面をそれぞれ用いて作成することが望ましいであろう。なお、実務上は、1、2葉の図面に可能なかぎり各種の都市計画の内容を総合的に表

示して、図面を作成することが望ましいであろう。

(2) 計画図

　計画図は、個々の都市計画の内容を詳細に表示し、これによって都市計画規制の及ぶ区域を明確にするための図面である。

　計画図の縮尺は、2,500分の1（当分の間は3,000分の1）以上とされている（☞規則9条、同附則Ⅱ）が法第14条第2項の規定の趣旨に従い、できるだけ縮尺の大きい図面により定めることが望ましい。また、計画図には、当該都市計画の区域等法令により定められている事項で計画書に表示することが適当でない事項等を表示するものとする。

(3) 計画書

　計画書は、都市計画の内容を表示するとともに、都市整備の方針及び都市計画の決定理由を明確に示すことを目的とする文書である。計画書の内容は、都市計画の種類ごとに都市計画において定めることとされている事項を表又は文章で表示することとされている。

　　a　都市計画区域の整備、開発及び保全の方針

　　　①区域区分の決定の有無及び当該区域区分を定めるときはその方針、②都市計画の目標並びに③①のほか、土地利用、都市施設の整備及び市街地開発事業に関する主要な都市計画の決定の方針（☞法6条の2Ⅱ）並びに決定の理由

　　b　区域区分

　　　市街化区域と市街化調整区域との区分（☞法7条）及び決定の理由

　　c　都市再開発方針等

　　　都市再開発の方針（☞都市再開発法2条の3Ⅰ・Ⅱ）、住宅市街地の開発整備の方針（☞大都市地域における住宅及び住宅地の供給の促進に関する特別措置法4条Ⅰ）、拠点業務市街地の開発整備の方針（☞地方拠点都市地域の整備及び産業業務施設の再配置の促進に関する法律30条）又は防災街区整備方針（☞密集市街地における防災街区の整備の促進に関

する法律３条Ⅰ）（☞法７条の２Ⅰ）及びそれぞれの方針の決定の理由

　d　地域地区

　　種類、位置、区域面積、名称（一部の地域地区）及び用途地域における容積率等の地域地区ごとの規制の内容等（☞法８条Ⅲ）並びに決定の理由

　e　促進区域

　　種類、名称、位置、区域及び面積等（☞法10条の２Ⅱ）並びに決定の理由

　f　遊休土地転換利用促進地区

　　名称、位置、区域及び面積（☞法10条の３Ⅱ）並びに決定の理由

　g　被災市街地復興推進地域

　　名称、位置及び区域（☞法10条の４Ⅱ）並びに決定の理由

　h　都市施設

　　種類、名称、位置及び区域等（☞法11条Ⅱ）並びに決定の理由

　i　市街地開発事業

　　種類、名称、施行区域及び面積等（☞法12条ⅡからⅣまで）並びに決定の理由

　j　市街地開発事業等予定区域

　　種類、名称、区域、施行予定者及び面積（☞法12条の２Ⅱ）並びに決定の理由

　k　地区計画等

　　種類、名称、位置、区域、面積（☞法12条の４Ⅱ）、規制内容並びに決定の理由

第3章

都市計画の決定及び変更

1 都市計画決定権者

（１）都道府県又は市町村とした趣旨

　都市計画の決定主体については、昭和43年の新都市計画法への移行時に、新憲法と地方自治法の下における整理を行い、旧法においては都市計画は全て国が決定していたものを、国の政策や利害との調整が必要な事項については国が関与する仕組みを設けた上で、都市計画は全て都道府県又は市町村において決定することとしたものである。

　本来、都市計画は、都市の実態及び将来を見通し、現在及び将来における都市の機能を確保し、発展の方向を定めるものであるが、その内容としては、「生活に身近なまちづくりの計画」から「広域的・根幹的な計画」までを一体、総合的かつ即地的に定めるものであるため、その決定に当たっては、「個性的なまちづくりの推進」と「広域的・国家的観点からの調整」がともに適切に図られるよう、国、都道府県及び市町村が適切に役割分担をすべきものである。

　具体的には、都市行政上の基礎的な単位である市町村の立場が十分に尊重されねばならず、このことは土地利用の規制、事業の実施等を通じて都市計画の内容を効果的に実現するという観点からも必要である。一方、都市の広域化に対応して、都道府県が責任をもって定めないと適切に計画を定めることができない市町村の区域を越える広域的・根幹的な計画については都道府県が定めることとするなど、国又は都道府県が広域的な観点からの調整を行うことができるようにすることが必要である。

　また、都市計画制度は、国民の財産権に対して制限を課すものであることから、その内容の妥当性を十分に確保する必要がある。

　このような要請を配慮し、都市計画の決定主体としては、市町村を中心的な主体としつつ、市町村の区域を越える広域的・根幹的な都市計画については都道府県が関係市町村の意見を聞き、一定の場合には国土交通大臣の同意を得て定めることとしているものである。

第3章　都市計画の決定及び変更

（2）都道府県及び市町村が定める都市計画の範囲等

都道府県又は市町村が定める都市計画の範囲及び都道府県が定める都市計画のうち国土交通大臣の同意を必要とするものは、次表のとおりである。

都市計画決定一覧表

都市計画の内容			市町村決定(*1) 知事への協議・同意市については同意不要	都道府県(指定都市(*2))決定	
				大臣同意不要	大臣同意必要
都市計画区域の整備、開発及び保全の方針	区域区分の有無及び方針並びに国の利害に重大な関係がある都市計画の決定の方針				●
	その他			●	
区域区分					○
都市再開発方針等				○	
地域地区	用途地域		○(*3)		
	特別用途地区		○		
	特定用途制限地域		○		
	特例容積率適用地区		○(*3)		
	高層住居誘導地区		○(*3)		
	高度地区		○		
	高度利用地区		○		
	特定街区		○(*3)		
	都市再生特別地区				○
	居住調整地域		○		
	特定用途誘導地区		○		
	防火地域・準防火地域		○		
	特定防災街区整備地区		○		
	景観地区		○		
	風致地区	2以上の市町村の区域にわたる面積10ha以上のもの		○	
		その他	○		
	駐車場整備地区		○		
	臨港地区	国際戦略港湾及び国際拠点港湾			○
		重要港湾		○	
		その他	○		
	歴史的風土特別保存地区				○

144

1　都市計画決定権者

分類					
地域地区	特別緑地保全地区	2以上の市町村の区域にわたる面積10ha以上のもの		○	
		その他	○		
	（近郊緑地特別保全地区）				○
	緑地保全地域	2以上の市町村の区域にわたるもの		○	
		その他	○		
	緑化地域		○		
	流通業務地区			○	
	生産緑地地区		○		
	伝統的建造物群保存地区		○		
	航空機騒音障害防止地区			○	
	航空機騒音障害防止特別地区			○	
促進区域	市街地再開発促進区域		○		
	土地区画整理促進区域		○		
	住宅街区整備促進区域		○		
	拠点業務市街地整備土地区画整理促進区域		○		
遊休土地転換利用促進地区			○		
被災市街地復興推進地域			○		
都市施設	道路	一般国道	指定区間			○
			指定区間外	△（＊4）		○
		都道府県道			△	○
		その他の道路		○		
		自動車専用道路	高速自動車国道			○
			その他		○（＊6）	
	都市高速鉄道					○
	駐車場			○		
	自動車ターミナル			○		
	空港	成田国際空港等（＊7）				●
		新千歳空港等（＊8）、地方管理空港			●	
		その他		○		
	公園・緑地	国が設置する面積10ha以上のもの		△（＊4）		●
		都道府県が設置する面積10ha以上のもの		△	○	
		その他		○		
	広場・墓園	国又は都道府県が設置する面積10ha以上のもの		△（＊4）（＊11）	○	
		その他		○		

第３章　都市計画の決定及び変更

大分類	中分類	小分類			
都市施設	その他の公共空地		○		
	水道	水道用水供給事業		●	
		その他	○（＊3）		
	電気・ガス供給施設		○（＊3）		
	下水道	公共下水道　排水区域が二以上の市町村の区域		●	
		公共下水道　その他	○（＊3）		
		流域下水道		●	
		その他	○（＊3）		
	汚物処理場・ゴミ焼却場	産業廃棄物処理施設		○	
		その他	○		
	地域冷暖房施設		○		
	河川	一級河川	△（＊4）		●（＊5）
		二級河川	△	○（＊9）	
		準用河川	○		
	運河			○	
	学校	大学・高専	○		
		その他	○		
	図書館・研究施設等		○		
	病院・保育所等		○		
	市場・と畜場		○（＊3）		
	火葬場		○		
	一団地の住宅施設		○		
	一団地の官公庁施設				○
	流通業務団地			○	
	一団地の津波防災拠点市街地形成施設施設		○		
	一団地の復興再生拠点市街地形成施設		○		
	一団地の復興拠点市街地形成施設		○		
	電気通信事業用施設		○		
	防風・防火・防水・防雪及び防砂施設		○		
	防潮施設		○		
市街	土地区画整理事業	国の機関又は都道府県が施行する面積50ha超	△	○	
		その他	○		
	新住宅市街地開発事業			○	
	工業団地造成事業			○	

1　都市計画決定権者

地開発事業	市街地再開発事業	国の機関又は都道府県が施行する面積3ha超	△	○		
		その他		○		
	新都市基盤整備事業			○		
	住宅街区整備事業	国の機関又は都道府県が施行する面積20ha超	△	○		
		その他		○		
	防災街区整備事業	国の機関又は都道府県が施行する面積3ha超	△	○		
		その他		○		
市街地開発事業等予定区域	新住宅市街地開発事業予定区域			○		
	工業団地造成事業予定区域			○		
	新都市基盤整備事業予定区域			○		
	面積20ha以上の一団地の住宅施設予定区域		○			
	一団地の官公庁施設予定区域					○
	流通業務団地予定区域			○		
地区計画等	地区計画		○(*3)(*10)			
	防災街区整備地区計画		○(*10)			
	歴史的風致維持向上地区計画		○(*10)			
	沿道地区計画		○(*3)(*10)			
	集落地区計画		○(*10)			

*1　△印の都市計画は、市町村が作成する都市再生整備計画に都道府県知事の同意を得て当該都市計画の決定等を記載した場合に限る

*2　●印の都市計画は、指定都市の区域においても、都道府県決定

*3　特別区の存する区域においては、都が決定。なお、特定街区については面積が1haを超えるもの、地区計画及び沿道地区計画についてはそれぞれ3haを超える再開発等促進区又は沿道再開発等促進区を定めるものに限る

*4　知事同意に加えて、大臣同意が必要

*5　原則は都道府県決定だが、都市再生整備計画に係る都市計画の決定等の場合は指定都市決定

*6　首都高速道路及び阪神高速道路については大臣同意が必要

*7　成田国際空港、東京国際空港、中部国際空港、関西国際空港

*8　新千歳空港、旭川空港、稚内空港、釧路空港、帯広空港、函館空港、仙台空港、秋田空港、山形空港、新潟空港、大阪国際空港、広島空港、山口宇部空港、高松空港、松山空港、高知空港、福岡空港、北九州空港、長崎空港、熊本空港、大分空港、宮崎空港、鹿児島空港、那覇空港

*9　指定都市が決定するのは、一の指定都市の区域内に存するものに限る

*10　都道府県知事の協議・同意事項は地区計画等の位置及び区域、地区施設等の配置及び規模等に限定

*11　広場に限る

（3）都市計画と行政争訟

　行政不服審査法による不服申立ては、行政庁の処分又は不作為について不服がある場合にすることができるものであり、ここにいう行政庁の処分とは、一般に行政庁が、法令に基づき、優越的な意思の主体として、国民に対し権利を設定し、義務を課し、その他具体的に法律上の効果を発生させる行為をいうものと解されている。

　ところで、都市計画は、都市計画法に基づき、都市の健全な発展等を目的とする高度の行政的裁量によって一般的抽象的に定めるものであり、直接、特定の個人に向けられた具体的に権利に変動を与える行為ではない。したがって、都市計画の決定は行政不服審査法にいう処分ではなく、その取消しを求める請求は、不適法であると解される。

（4）都市計画の決定手続

　都道府県又は市町村が都市計画を決定する手続を図示すると次図のようになる。

1　都市計画決定権者

都道府県が定める都市計画決定等の手続
＜手続例＞

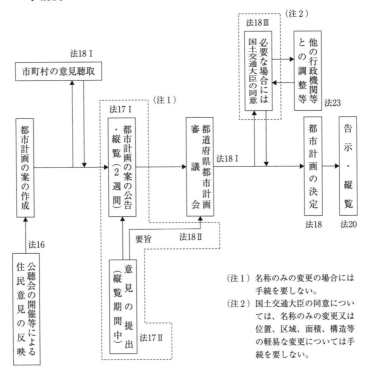

(注1) 名称のみの変更の場合には手続を要しない。
(注2) 国土交通大臣の同意については、名称のみの変更又は位置、区域、面積、構造等の軽易な変更については手続を要しない。

第3章　都市計画の決定及び変更

市町村が定める都市計画決定等の手続
＜手続例＞

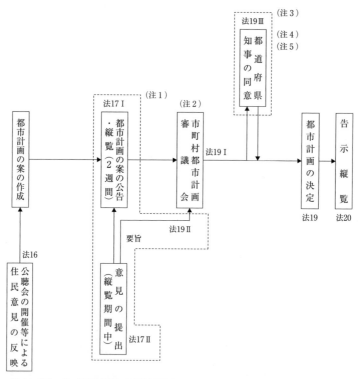

(注1) 名称のみの変更の場合には手続を要しない。
(注2) 市町村都市計画審議会が置かれていない場合は、都道府県都市計画審議会（法19Ⅰ）
(注3) 地区計画等に関する都市計画においては、知事の同意事項は、位置及び区域等令第14条の2に掲げる事項に限定。
(注4) 都道府県知事の同意については、名称のみの変更又は位置、区域、面積、構造等の軽易な変更については手続を要しない。
(注5) 市の決定する都市計画については、都道府県知事との協議に同意を要しない。

1 都市計画決定権者

指定都市が定める都市計画の決定手続

a 通常都道府県が決定する都市計画(国土交通大臣の同意を要しないもの)を定める場合
　市が定める都市計画の決定手続と同じ

b 通常都道府県が決定する都市計画(国土交通大臣の同意を要するもの)を定める場合
　＜手続例＞

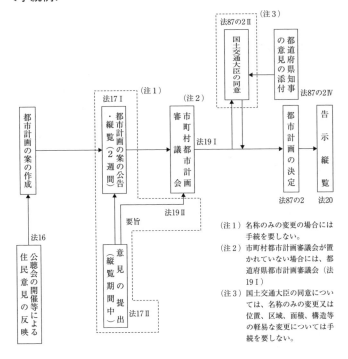

(注1) 名称のみの変更の場合には手続を要しない。
(注2) 市町村都市計画審議会が置かれていない場合には、都道府県都市計画審議会(法19Ⅰ)
(注3) 国土交通大臣の同意については、名称のみの変更又は位置、区域、面積、構造等の軽易な変更については手続を要しない。

c 通常市町村が決定する都市計画を定める場合
　市が定める都市計画の決定手続と同じ

2 都市計画の案の作成

（1）都道府県が定める都市計画の案の作成
　都道府県が定める都市計画の案の作成に関しては、これまで、関係市町村から必要な資料の提供を得て、又は関係市町村から提案を受けて作成される場合がほとんどであった。平成12年の改正では、都道府県の都市計画の案の作成に当たってのこうした関係市町村の役割を明確化し、案の作成過程の透明化を図ったものである。

（2）市町村が申し出た都市計画の案
　都市計画の決定権限自体は都道府県が有するものであることから、必ず市町村の申し出た案の通りに都市計画を定めなければならないものではない。しかしながら、法が市町村からの案の申し出を規定している以上、都道府県は、できる限りその内容を尊重しなければならないものと解される。

（3）都道府県の関与
　法第15条の2第2項の規定による都道府県の関与とは、都道府県が自治事務として都市計画の案を作成しようとするときに、当該都市計画に関係する市町村から資料の提出その他の必要な協力を求めうることとされているものであり、市町村の適正な事務の執行を目的とする地方自治法の一般規定による関与とは、その目的・趣旨が異なる。また、都道府県は、都市計画の案を作成するに当たって、必要があれば、調査、測量等の協力を関係市町村に求めることができる。

3 公聴会等の開催

（1）公聴会の開催等が必要とされる趣旨
　法第16条第1項では、都市計画の案を作成しようとする場合において、必要があると認めるときは、公聴会・説明会の開催等住民の意見を反映させるために必要な措置を講じることとされている。これは、都市計画の案が作成

された後の手続としての法第17条の縦覧及び意見書の提出とは別に、都市計画の案の作成の段階でも住民の意見をできるだけ反映させようという趣旨である。特に、法第16条第1項において公聴会の開催を例示しているのは、住民の意見を反映させるための措置として、住民の公開の場での意見陳述の機会を確保するべきという趣旨であることに留意する必要がある。

この点、説明会は、都道府県又は市町村が作成した都市計画の原案について住民に説明する場と考えられ、公聴会は、都道府県又は市町村が作成した都市計画の原案について住民が公開の下で意見陳述を行う場と考えられる。

都市計画への住民参加の要請がますます強まる中で、都市計画決定手続における住民参加の機会をさらに拡大していく観点から、今後は、都市計画の名称の変更その他特に必要がないと認められる場合を除き、公聴会を開催するべきである。ただし、説明会の開催日時及び開催場所が事前に十分周知され、かつ、都市計画の原案の内容と内容についての具体的な説明が事前に広報等により行われ、住民がこれを十分に把握し得る場合であって、住民の意見陳述の機会が十分確保されているときは、その説明会を公聴会に代わるものとして運用することも考えられるが、この場合においても、住民がその内容を十分把握した上で、公開の場での意見陳述を行うための場となるよう十分留意するべきである。

〈参考：都市計画運用指針Ⅴ—2〉

(2) 公聴会の開催手続

法第16条第1項の公聴会は、都市計画の案が作成された後の手続としての法第17条の縦覧及び意見書の提出とは別に、都市計画の案の作成の段階でも住民の意見をできるだけ反映させようという趣旨のもと、都道府県又は市町村が作成した都市計画の原案について住民が公開の下で意見陳述を行う場である。

〈参考：都市計画運用指針Ⅴ—2〉

公聴会の開催の手続については、土地収用法に基づく規則（☞土地収用法

23条3項、土地収用法施行規則4条から12条まで）などに準じて、地方公共団体の規則で手続が定められていることが多いが、都市計画に住民の意見を反映させていく観点からは、公聴会の運営は弾力的に行うことが望ましいと考えられる。

（3）住民の意見を反映させるための措置

　住民の意見を反映させるために必要な措置として、従来から行われているものに説明会がある。説明会は、都市計画決定権者が作成した都市計画の案について、公告・縦覧手続に先立って住民に説明するとともに、質疑を行い、住民の意見の把握を行う場として開催されるものである。

　法第16条第1項の趣旨に鑑みれば、説明会においては、住民との質疑を十分に行い、住民の意見の把握に努めることが求められる。

　説明会のほかに、最近では、住民による協議会で都市計画の案について検討を行ったり、住民が参加してワークショップ形式で都市計画の原案を作成する事例も増加しているが、このような取組みは、都市計画に対する住民参加を促進するものとして注目される。

（4）地区計画等の案の作成

　従来の都市計画がどちらかと言えば都市全体を一つの視野にとらえ、当該都市の健全な発展と秩序ある整備を図るため、都市を構成するそれぞれの土地の区域でどのような土地利用が行われるべきかの大枠を設定する計画、あるいは都市の骨格を形成する道路、公園等の都市施設をどのように整備するかの計画等であるのに対し、地区計画、防災街区整備地区計画、歴史的風致維持向上地区計画、沿道地区計画及び集落地区計画は、都市全体の観点から大枠づけられたそれぞれの土地の区域をさらに詳細に検討し、より細かい土地利用、施設等に関する計画を策定しようとするものである。また、計画の効果として、当該区域内の土地の所有者等に対して新たな制限、負担が課せられることとなる場合もある。

　このため、法第16条第2項では、地区計画等の案の作成に当たっては、新

3 公聴会等の開催

たにその案に係る区域内の土地の所有者等利害関係を有する者の意見を求めて作成することとしたものである。利害関係を有する者の範囲は、区域内の土地所有者、区域内の土地について地上権、賃借権、先取特権、質権、抵当権（対抗力を有している者に限る。）を有する者及びその土地、これらの権利に関する仮登記、差押えの登記又は土地に関する買戻し特約の登記の登記名義人とされている（☞法16条Ⅱ、令10条の4）。

したがって、法第17条第2項の利害関係人と異なり、借家権等建物についての権利を有する者は利害関係を有する者に含まれない。

（5）地区計画等に関する住民又は利害関係人からの申し出を認める趣旨

地区計画等（地区計画、防災街区整備地区計画、歴史的風致維持向上地区計画、沿道地区計画、集落地区計画）は、住民等の意見を反映しつつ地区レベルできめ細かなまちづくりを進める、住民に最も身近な都市計画である。近年、都市計画への住民参加の要請が従来にも増して高まっており、これらの地区計画等について、条例を定めれば、住民側の発意で、都市計画の決定若しくは変更や、案となるべき事項を申し出ることができることとするものである。

申し出の方法をどのように定めるかは条例に委ねられており、住民全員の合意を必要と定めることも、住民1人の発意でよいとすることも、ともに可能であると考えられる。

また、住民等からの申し出をどのような形で位置付けるかは、地区計画等の作成が市町村の自治事務であり、また、当該市町村や住民の考え方によるところが大きいと考えられるため、法律による全国一律の制度とせず、条例に委ねることとしたものである。

第3章 都市計画の決定及び変更

4 都市計画の案の縦覧等

(1) 都市計画の案の縦覧等の目的

　都市計画は、都市の将来の姿を決定するものであり、したがって、住民に対する影響が極めて大きいばかりでなく、土地利用等に関し住民に義務を課し、権利を制限するものであるので、決定に当たっては、あらかじめ広く案の内容を住民及び利害関係人に知ってもらうとともに、その意見を反映させることが必要である。このため、その決定以前において公告し、公告後2週間公衆の縦覧に供し、関係市町村の住民及び利害関係人が都道府県又は市町村に意見書を提出することができることとしたものである。

　「公告の日から2週間」という期間の計算方法については、民法第138条以下の適用がある。同法第140条は、「日、週、月又は年によって期間を定めたときは、期間の初日は、算入しない。ただし、その期間が午前零時から始まるときは、この限りでない。」と規定されているが、この規定の趣旨は、起算日としては1日の端数となる日（24時間未満の日）を加えないということであるとされている。したがって、「公告の日」は期間に算入されないことになる。

(2) 都市計画の案の理由書

　法第17条第1項では、都市計画の案の公衆への縦覧の際に、都市計画を決定しようとする理由を記載した書面を添付することとされているが、これは都市計画決定権者としての説明責任を明確にするとともに、都市計画について住民との合意形成の円滑化を図ろうとするものである。

　したがって、理由書において、住民が都市計画が決定され、又は変更される理由を十分に理解できるようにすることが必要であり、当該都市計画の都市の将来像における位置づけについて説明することが望ましい。また、用途地域や都市施設等の具体の配置の理由等について、これらの都市計画が即地的に決定され、土地利用制度を課するものであることに鑑み、当該都市計画

の必要性、位置、区域、規模等の妥当性についてできるだけわかりやすく説明するべきである。

　〈参考：都市計画運用指針V―2〉

（3）利害関係人

　法第17条に規定する都市計画の案の縦覧の制度は、都市計画が都市の将来の姿を決定するもので、また、土地利用に関し土地所有者等に対して重大な影響を及ぼすものであることを考えて、都市計画の決定に当たってあらかじめ利害関係人の意見を反映させる趣旨で、取り入れられたものである。

　したがって、ここでいう「利害関係人」とは、都市計画が決定されようとする施設又は事業の区域内の土地について、所有権、賃借権を持っている者等の法律上の利害関係を有する者のほか、ひろく、その土地の周辺の住民、決定される施設を利用しようとする者も「利害関係人」となる。

（4）縦覧場所の範囲

　縦覧の場所は、縦覧をする者（都道府県又は市町村）が定め、公告をすることとなる（☞規則10条③）。

　具体的には、都道府県が決定する都市計画の案については都道府県庁及び関係市町村の役場において、市町村が決定するものについては当該市町村の役場及び関係市町村の役場において、それぞれ縦覧を行うのが、通常適当であろう。なお、関係市町村の範囲については、都市計画を決定しようとする土地の区域を含む市町村はすべて含まれると解すべきである。

　なお、指定都市においては、できるだけ住民が都市計画の案を閲覧しやすいように指定都市の区役所においても公衆の縦覧に供することが望ましい。

（5）公告・縦覧をすべき「関係市町村」の範囲

　案の公告及び縦覧をなすべき「関係市町村」とは、原則として、決定に係る当該都市計画によって直接又は間接に影響を受ける市町村を指す。

　したがって、一般的には「都市計画を定める土地の区域」（☞規則10条②）

を含む市町村において縦覧することをもって足りるが、それ以外の市町村においても公告及び縦覧をすることが適当であると都市計画決定権者が独自に判断し、それに基づいて公告及び縦覧を行うことは差し支えない。

(6) 特定街区の都市計画決定

　特定街区に関する都市計画においては、容積率、建築物の高さの最高限度及び壁面の位置の制限が定められ（☞法8条Ⅲ②リ）、権利者に対し相当強固な建築制限を課すこととなるため、法第17条第3項において利害関係人の全員同意を特定街区に関する都市計画決定の要件としているものである。

　同意は都市計画決定時に必要とされる要件であって、決定後に同意が翻されたり、権利の承継人が不同意であっても計画決定の効力には何ら影響を及ぼさない。

(7) 遊休土地転換利用促進地区の都市計画決定

　遊休土地転換利用促進地区は、周辺地域の土地利用の増進に支障となっている遊休土地の区域について、その利用促進を図るために定めるものであるため、近い将来に土地所有者等によって自発的に有効かつ適切な利用がなされることが確実な場合には、決定する必要はない。

　しかしながら、

　　a　遊休土地転換利用促進地区内の土地について、このまま遊休状態で保有し続けるか、又はすみやかに有効利用するかは、その土地の所有者等の内心の意思に係る事項であること

　　b　遊休土地を有効利用する場合に、必ずしも建築確認や開発許可の申請等行政側が掌握可能な手続きが前置きされるとは限らないことから、都市計画決定権者である市町村が、引き続き当該土地の遊休状態が継続するか否かについて、外形上明らかになっている事項から合理的に判断すること

は困難であると考えられる。

　また、遊休土地転換利用促進地区が決定されることにより、当該区域内の

土地所有者等は能動的な利用の責務を負うことになり、その権利制限は質的に重大であるため、その決定は可能な限り慎重に行うことが要請される。したがって、遊休状態にあることの正当性に関し曖昧な状態のまま遊休土地転換利用促進地区を決定することは、適正手続きの確保という観点から許容されないものと考えられる。

このような理由により、遊休土地転換利用促進地区の決定に際しては、当該区域内の土地所有者等の意見を反映させることが必要であるので、都市計画の案について個別に意見を聴くことにしたものである。

（8）施行予定者を定める都市計画の案

都市計画において施行予定者と定められた者は、市街地開発事業又は都市施設に関する都市計画が定められたときから2年以内に都市計画事業の認可又は承認の申請をしなければならないこととしており（☞法60条の2）、また、都市計画の変更により、市街地開発事業等予定区域又は都市施設の区域若しくは市街地開発事業の施行区域が変更された場合における損失の補償については、施行予定者を補償義務者としている（☞法57条の6）ので、都市計画の内容については、施行予定者の同意を得なければならないこととしたものである。

（9）条例との関係を明示する趣旨

都市計画の決定手続について、条例との関係を明示することとしている。

住民等に係る都市計画決定手続については、行政手続の透明性の確保等の観点から、地域の実情に応じこれを手厚くする措置が必要な場合がある。また、都市計画決定に係る事務は、地方公共団体の自治事務であるので、各地方公共団体が、条例を定め法定の手続を加重したり、詳細化したりすることは当然認められる。

一方、法定の都市計画決定手続は、都市計画による国民の財産権の制約を担保するため最低限必要な手続であり、たとえ条例でもこれを簡素化することはできないと解される。

本条は、これらの点を確認的に規定したものである。
〈参考：都市計画運用指針Ⅴ—2〉
条例に定める具体的内容としては、都市計画の案の縦覧期間を法定の2週間よりも長い期間にすること、まちづくり協議会による提案等の住民の意見を反映しながらまちづくりを行う方法を定めること等が考えられる。
〈参考：都市計画運用指針Ⅴ—2〉

5 都道府県の都市計画の決定

（1） 関係市町村の範囲

都市計画は、一体の都市として整備、開発及び保全する必要がある都市計画区域において、一体的かつ総合的に定められなければならない。この意味において、すべての都市計画は、その都市計画区域内の市町村に何らかの関係を持つと言わざるをえない。しかし、法第18条でいう関係市町村とは、このように広い意味ではなく、直接には、当該都市計画に係る土地の区域を管轄する市町村の意見をきくことを義務づけたものと考えるべきである。

例えば、東京都においてごみ焼却場は東京都が決定するとなっているが、ごみ焼却場を決定しようとする場合において、当該ごみ焼却場で焼却するごみの収集区域がごみ焼却場を設置する市町村以外の市町村にもわたる場合等、当該都市施設を定めることに直接関連する市町村がある場合には、当該都市計画に係る土地を管轄する市町村以外の関係市町村についても、法第18条第1項に基づき、その意見を聴くべきであると考える。

（2） 都道府県都市計画審議会の議を経る趣旨

都市計画の決定において、都道府県都市計画審議会の議を経ることとされている。都市計画が都市の将来の姿を決定するものであり、かつ、土地に関する権利に相当な制約を加えるものであるから、各種の行政機関と十分な調整を行い、相対立する住民の利害を調整し、さらに、利害関係人の権利、利益を保護することが必要であり、このため、都道府県が都市計画の決定等を

行うに当たっては、学識経験者、地方公共団体の長、議員、国の出先機関の長等からなる都道府県都市計画審議会の議を経ることにしたのである。

このような法の趣旨からして、都道府県が都市計画の決定等を行う際は、都道府県都市計画審議会の議を経ない場合は都市計画の決定等が原則として無効になると解すべきである。

一方、議には付したが同意する旨の議決がない場合については、都市計画審議会は諮問機関であり、その答申は法的には行政庁を拘束することはなく、その答申と異なる都市計画決定を行うことをもって当然にその都市計画が違法になることはないと思われる。しかし、都市計画審議会が、将来の姿を決定するという専門技術的な知見を有する者や、土地に対する相当な制約をもたらすことによって生じうる住民間の利害調整を行うことができる者等によって構成され、議論がなされていることを考慮すると、その議論の結果に反する都市計画は、一般に当該答申に従った場合に比べ、その専門性や妥当性について疑義が生じることが多いと思われる。

(3) 国土交通大臣同意の趣旨

都道府県が定める都市計画のうち、都道府県の区域を越える広域的な計画や国の政策や利害に関係のある計画については、広域的・国家的な観点から国と調整する仕組みが必要である。このため、都道府県が定める都市計画のうち一定のものについては、国土交通大臣の同意を要することとしているものである。

なお、この同意の法律的な性格は、行政機関相互の手続の一環であって、直接第三者に対してなされるものではないため、いわゆる行政処分性を有しない。したがって、この国土交通大臣の同意に対しては、その無効や取り消しを求めることはできないものと解する。

6 市町村の都市計画に関する基本的な方針

(1) 市町村の都市計画に関する基本的な方針を設けた趣旨

産業・社会構造の変化の急速な進展や住民の価値観の多様化等に対応し

て、都市をゆとりと豊かさを真に実感できる居住の場として整備し、個性的で快適な都市づくりを進めるためには、望ましい都市像を都市整備の目標として明確化し、諸種の施策を総合的かつ体系的に展開していくことが重要となっている。

このような施策の展開に当たっては、広域的観点からの土地利用の調整、都市活動を支える広域的な都市基盤の整備等を着実に進めることと併せて、地域社会共有の身近な都市空間を重視した施策を推進していく必要があり、また、都市整備に関わる総合的な施策の体系を行政内部の運営指針にとどまらず、これを住民に分かりやすいものとして提示することが、住民の理解と参加の下にこれらの施策を進めていく前提としても重要である。

この場合、都市計画区域の整備、開発及び保全の方針は、都道府県が都市全体を対象として定めるものであることから、地区ごとの将来のあるべき姿、地域における都市づくりの課題等を明らかにするには一定の限界がある。

市町村の都市計画に関する基本的な方針は、このような認識の下に、住民に最も近い立場にある基礎的自治体である市町村が、都市計画決定権者としてその創意工夫の下に、住民の意見を反映させながら都市づくりの具体性のある将来ビジョンを確立し、地域別のあるべき市街地像、地域別の整備課題に応じた整備方針、地域の都市生活、経済活動等を支える諸施設の計画等をきめ細かくかつ総合的に定めるため、市町村自らが定める都市計画のマスタープランとして平成4年の改正により創設したものである。

（2）市町村の都市計画に関する基本的な方針の内容

市町村マスタープランは、住民に最も近い立場にある市町村が、その創意工夫の下に住民の意見を反映し、まちづくりの具体性ある将来ビジョンを確立し、地区別のあるべき市街地像を示すとともに、地域別の整備課題に応じた整備方針、地域の都市生活、経済活動等を支える諸施設の計画等をきめ細かくかつ総合的に定め、市町村自らが定める都市計画の方針として定められることが望ましい。

6 市町村の都市計画に関する基本的な方針

　この際、土地利用、各種施設の整備の目標等に加え、生活像、産業構造、都市交通、自然的環境等に関する現況及び動向を勘案した将来ビジョンを明確化し、これを踏まえたものとすることが望ましい。

　市町村マスタープランは、当該市町村を含む都市計画区域マスタープラン、「市町村の建設に関する基本構想」及び国土利用計画法（昭和49年法律第92号）第4条に基づく市町村計画に即したものとすることが望ましい。

　市町村マスタープランは、個別施策、施設計画等に関する事項の羅列にとどまらず、その相互の関係等にも留意し、市町村の定める具体の都市計画についての体系的な指針となるように定めることが望ましい。

　市町村マスタープランには、例えば、次に掲げる項目を含めることが考えられる。

　　a　当該市町村のまちづくりの理念や都市計画の目標
　　b　全体構想（目指すべき都市像とその実現のための主要課題、課題に対応した整備方針等）
　　c　地域別構想（あるべき市街地像等の地域像、実施されるべき施策）

（3）都市計画区域の整備、開発及び保全に関する方針との関係

　「都市計画区域の整備、開発及び保全の方針」は、市街化区域及び市街化調整区域の区域区分と併せて都道府県が都市全体の広域の見地から定めるものであることから、その内容も都市における主要な用途の配置、根幹的な公共施設の整備、市街地の開発及び再開発の方針等都市全体を対象とした広域的・根幹的な都市計画に関する事項を主として定める内容となっている。

　一方、「市町村の都市計画に関する基本的な方針」は、都市計画区域内の市町村の区域を対象として、都市計画決定権者である市町村が住民の意見を十分に反映しながら定めるものであり、その内容は、主として市町村が定める小規模な都市施設、市街地開発事業、地区計画等の地域に密着した都市計画に関する事項を定めるものである。

都市計画は、一体的かつ総合的に定められるものであり、都市計画のマスタープランにおいても都市計画の一体性・総合性を確保する必要があるため、都市計画区域内の市町村の都市計画のマスタープランである「市町村の都市計画に関する基本的な方針」は都市計画区域全体のマスタープランである「整備、開発及び保全の方針」に即して定めることとしたものである。

(4) 具体の都市計画との関係

都市計画は、基本的には権利制限を課すものであり、そのため、都市計画法に基づく公告・縦覧等の手続を経て定められるものである。

一方、市町村の都市計画に関する基本的な方針は、都市計画のマスタープランとして、あくまで具体的な都市計画を策定する際の青写真を示すものであり、権利制限を課すものではなく、その策定手続についても、公告・縦覧等の都市計画法の一定の手続は適用されず、市町村の自主性にゆだねられている。

このように、市町村の都市計画に関する基本的な方針は、都市計画法上の都市計画ではないが、その効果として、市町村の定める都市計画は当該基本的な方針に即して定められることとされている。

(5) 基本的な方針を定めるための手続

都市計画は住民の意見を反映しつつ進められるものであり、地区ごとの将来のあるべき姿をより具体的に明示し、地域における都市づくりの課題とそれに対応した整備等に関する都市計画のマスタープランである市町村の都市計画に関する基本的な方針においては、住民の意向を十分反映させつつ、策定を進めていくことが必要である。

このため、市町村が当該基本的な方針を策定するに当たっては、あらかじめ、公聴会の開催等住民の意見を反映させるために必要な措置を講ずるものとされているところである。

具体的には、次に掲げる事項に留意の上、市町村の規模や地域の実情に応じた実効ある措置を講じることが必要である。

a　例えば、地区別に関係住民に対しあらかじめ原案を示し、十分に説明しつつ意見を求め、これを積み上げて基本的な方針の案を作成することとし、この場合、公聴会や説明会の開催、広報紙やパンフレットの活用、アンケートの実施等を適宜行うこと。
　　b　決定に際し、あらかじめ、地方自治法に基づき市町村に附属機関として設けられている市町村審議会の議を経るものとすること。
　なお、定めた基本的な方針は、市町村の庁舎（支所、出張所等を含む。）への図書の備付け及び閲覧、積極的な広報の実施、概要パンフレットの作成・配布等により公表することが望ましい。

7　市町村の都市計画決定

(1)　都道府県知事の協議又は同意の趣旨

　都市計画は、都市の健全な発展と秩序ある整備を図るために定めるものであるため、都道府県と市町村が役割分担の上、都市計画決定権者として同一の区域について都市計画を定める場合にも、それぞれが定める都市計画相互に矛盾を生じるようなことがあってはならず、また、都市計画が総合して一体のものとして有効に機能するものとする必要がある。
　このため、市町村が都市計画を定める場合には、都道府県知事に協議し、又は同意を得なければならないこととし、両者の調整を図ることとしているものである。
　なお、市が都市計画を決定する際については、都道府県知事による同意を得ることを要しないこととされているが、これは、市町村合併により広域的な市が増加し、市が定める都市計画について市域を越える広域的な調整の必要性が以前ほど高くなくなってきたこと等を背景とし、地方分権改革推進委員会第3次勧告（平成21年10月7日）の考え方を採り入れたものである。
　もっとも、市と都道府県との間の協議により広域的観点及び都道府県決定計画との整合確保の観点からの調整が図られることは、引き続き必要とされているところであり、協議の透明化、実質化、円滑化等を図るため、標準的

第3章　都市計画の決定及び変更

な協議の実施方法等について、都道府県と市町村の間で調整の上ルール化し、これを明示しておくことが望ましい。その際、以下のような点についてルール化することが考えられる。
・　都市計画の案の公告・縦覧、都市計画審議会への付議等法令上必要とされている都市計画決定手続を開始する以前の段階における事前協議の活用を基本とすることにより、協議の円滑化を図ること。その際、都市計画の案の公告・縦覧に先立って、十分な時間的余裕を持って事前協議を行うこと。
・　都道府県知事は、事前協議を含め協議を行う場合の標準的な協議期間をあらかじめ設定することにより協議の時間管理を行うこと（その際、都道府県知事が関係市町村に対し、資料の提出、意見の開陳、説明その他必要な協力を求めた上で、それを協議に反映することができるよう、十分な期間を設定すべきである。この場合において、不必要に協議が長期化することのないよう留意すべきである。また、都市計画の案が事前協議を了したものから修正がない場合には、合理的な範囲内において、標準的な協議期間よりも実際の協議期間を短縮することが考えられる。）。
・　事前協議を含む協議における都道府県知事の意見を踏まえた案としない場合には、当該都市計画の案を都市計画審議会に付議する際、当該意見の内容及びそれを踏まえないこととする考え方を都市計画審議会に提出すること。

　また、都道府県知事の意見の申出は、都道府県の定める都市計画との適合性の確保、市町村間の広域調整の視点から行われることを旨として、関与が過度に及ぶことのないようにすることが必要である。
　都市計画は、都市の健全な発展と秩序ある整備を図るために定めるものであり、都市計画決定権者が都道府県と市町村に分かれていようとも、それぞれが定める都市計画相互間に矛盾があってはならないことはもちろん、それぞれの都市計画決定権者が定める都市計画が総合して一体の都市計画として有効に機能するものとならなければならない。このような観点から、法第19

条第3項は、市町村は都道府県知事に協議し、又は同意を得て都市計画を決定するものとしているのである。

　ところで、地区計画等は、市町村が定める都市計画であり、他の都市計画と同様、都道府県の定める都市計画との一体性を確保すべきことは当然のことではあるが、都市全体を一つの視野の中にとらえて定められる他の都市計画と異なり、地区レベルの計画であり、かつ、既存の都市計画を前提に、その枠組の中で定められるものであるから、必ずしも地区計画等で定める事項の全部について、都道府県知事の協議又は同意に係らしめなくても、都市計画の一体性を確保することは可能と考えられる。そこで、法第19条第3項において、地区計画等として定められる計画事項のうち、それが定められることによって、一体として定められる都市計画の構成内容に影響が及ぶと考えられるものに限って、都道府県知事の同意に係らしめることとしたのである。具体的には、都市計画法施行令第13条の表を参照されたい。

（2）資料の提出、意見の開陳等の協力

　市町村が都市計画の決定又は変更をする場合、法第19条第3項による都道府県知事との協議・同意手続を通じて広域的な見地から調整が図られることになるが、当該手続を通じてより効果的に広域調整が図られるようにするため、都道府県知事が関係市町村に対し、資料の提出、意見の開陳等の協力を求めることができるようにしたものである。

　法第19条第5項に定める関係市町村の範囲は、都道府県知事において、協議を求めてきた市町村の都市計画の内容に応じ、当該都市計画が広域的に都市構造やインフラ等に与える影響といった広域調整の必要性を踏まえて適切に判断されることとなる。

8　都市計画の変更

（1）都市計画の変更

　都道府県又は市町村は、①都市計画区域又は準都市計画区域が変更された

とき、②都市計画に関する基礎調査又は政府が行う調査の結果都市計画を変更する必要が明らかとなったとき、③遊休土地転換利用促進区に関する都市計画についてその目的が達成されたと認めるとき、その他都市計画を変更する必要が生じたときは、遅滞なく当該都市計画を変更しなければならないこととされている（☞法21条）。

（2）都市計画の変更の主体

　法第15条により都市計画を定める者は都道府県又は市町村とされているが、このうち都市施設の決定主体については、都市施設ごとの面積等の数値の大きさにより区分されているものがある（例えば、面積が10ヘクタール以上で、国又は都道府県が設置する公園は都道府県が決定する。）。このような都市施設について既に定められている都市計画の内容を変更しようとする場合、当初の決定主体と変更に係る決定主体が異なることがある。このような場合、当該都市計画の変更をだれが行うかが問題となるのである。

　この点については、変更前が都道府県の決定に係るものであり、変更することにより市町村が決定すべきものになる場合と、逆に、変更前が市町村の決定に係るものであり、変更することにより都道府県が決定すべきものになる場合のいずれにあっても、当該都市計画の変更の手続は都道府県が行うべきである。この趣旨は、当該都市計画が広域的又は根幹的な観点から定められていたものであり、あるいは、新たにそのような観点から定めようとするものであるから、広域的又は根幹的な都市施設についての決定権限を都道府県に与えた趣旨からして、当該都市計画の変更の手続を都道府県が行うべきであると解される。

　なお、変更によりその後の決定主体が異なることになることから、法第14条第1項に規定する都市計画の関係図書を市町村又は都道府県に引き継ぐことが必要である。

（3）都市計画の変更時における公聴会の開催等

　法第21条第2項においては、都市計画の変更について法第16条の規定を準

用していないが、法第16条の「都市計画の案」には、同条の趣旨からいって、変更する場合の都市計画の変更の案も含まれていると考えられる。それゆえ、都市計画を変更する際においても、必要があると認められるときは、公聴会の開催等の措置を講ずること（地区計画の変更については土地の所有者等の意見を求めること）が必要である。

〈参考：行政実例「都市計画の変更主体について」昭和45年2月6日建設省都市局都市計画課長から愛知県土木部長あて回答〉

9 都市計画の提案制度

（1）都市計画の提案制度の趣旨

近年、まちづくりへの関心が高まる中で、その手段としての都市計画に対する関心が高まっており、まちづくり協議会等の地域住民が主体となったまちづくりに関する取組みが多く行われるようになっている。

このような動きを踏まえて、地域のまちづくりに対する取組みを今後の都市計画行政に積極的に取り込んでいくため、地域住民等の都市計画に対する能動的な参加を促進することとし、住民又はまちづくり団体からの都市計画の決定等の提案に係る手続を新たに整備することとしたものである。

（2）提案をする際の要件

土地所有者やまちづくりの推進を図る活動を行うことを目的として設立された特定非営利活動法人（まちづくりＮＰＯ）、都市計画協力団体等が都市計画の決定等の提案を行う際の要件は、以下のとおりである。

　　a　都市計画の決定等の提案に係る土地の区域が、一体として整備し、開発し、又は保全すべき土地の区域としてふさわしい一定規模（0.5ha。ただし、一定の場合には条例で0.1haまで引き下げることができる。）以上の一団の土地の区域であること（都市計画協力団体による提案の場合には、この面積要件が適用されない。）。

　　b　都市計画の決定等の提案に係る都市計画の素案の内容が、都市計画

第3章 都市計画の決定及び変更

提案制度のフロー

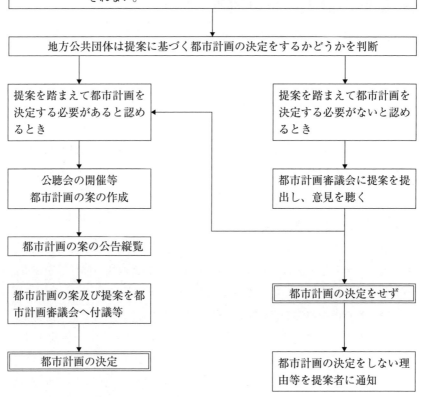

区域マスタープラン等法令の規定に基づく都市計画に関する基準に適合するものであること。
c 　都市計画の決定等の提案に係る土地（国又は地方公共団体の所有している土地で公共施設の用に供されているものを除く。）の区域内の土地について所有権又は建物の所有を目的とする対抗要件を備えた地上権若しくは賃借権（臨時設備その他一時使用のため設定されたことが明らかなものを除く。）を有する者の3分の2以上の同意（同意をした者が所有する当該区域内の土地の地積と同意した者が有する借地権の目的となっている当該区域内の土地の地積の合計が、当該区域内の土地の総地積と借地権の目的となっている土地の総地積との合計の3分の2以上となる場合に限る。）を得ていること。

（3）提案の対象となる都市計画

　都市計画の提案制度は、およそまちづくり全般を対象とするものであるため、都市計画の決定等の提案をすることができる都市計画の種類は限定していない。ただし、「都市計画区域の整備、開発及び保全の方針」及び「都市再開発方針等」は、都市計画の提案の指針となるべきものであるため、都市計画の提案制度の対象とはしないこととしている。
　なお、区域区分に関する都市計画の決定等の提案は、「都市計画区域の整備、開発及び保全の方針」に適合している必要があるため、「都市計画区域の整備、開発及び保全の方針」に区域区分を行うこと及び区域区分の方針が定められている都市計画区域においては、区域区分を廃止するような都市計画の決定等の提案はできない。

（4）都市再生特別措置法等による都市計画の提案制度との違い

　都市計画法による都市計画の提案制度は、地域住民等のまちづくりに対する能動的な参加を促進し、これを都市計画として積極的に受け止めるための制度であり、地域の実情に応じて、住環境の保全から都市開発まで、様々な提案が行われることを想定して創設されたものである。

第3章　都市計画の決定及び変更

　一方、都市再生特別措置法による提案制度は、我が国の活力の源泉となる都市の再生を緊急に図るため、時間と場所を限定し、民間の力を最大限に引き出して、都市再生の核となる都市再生事業を推進するものであり、都市再生事業の実施に必要な都市開発事業等の提案が行われるものである。

　また、広域的地域活性化のための基盤整備に関する法律による提案制度は、拠点施設整備事業の効果を一層高めるためにその施行者のニーズを都市計画に反映しようとするものであり、拠点施設整備事業の効果を高めるために必要な提案が行われることを想定して創設されたものである。

　このような各制度の性格の違いにより、具体的には次に掲げる表のような相違点がある。

9 都市計画の提案制度

各法律による提案制度の比較

	都市計画法による提案制度	都市再生特別措置法による提案制度	広域的地域活性化のための基盤整備に関する法律による提案制度
目的	地域住民等のまちづくりに対するニーズを都市計画に反映させ、地域の活性化を図りやすくする。	都市再生を民間事業者の力を活かして達成するため、都市再生の起爆剤的な民間事業を都市再生緊急整備地域において、緊急かつ積極的に誘導する。	拠点施設整備事業を施行する民間事業者のニーズを都市計画に反映させ、効果的な拠点施設整備事業を実現することにより、広域的地域活性化を図る。
提案の対象となる都市計画の種類	都市計画区域の整備、開発及び保全の方針並びに再開発方針等を除く都市計画一般	都市再生特別地区、高度利用地区、都市施設、市街地再開発事業等、都市再生事業の実施に必要な都市計画	地区計画、土地区画整理事業、市街地再開発事業、都市施設のうち、拠点施設整備事業の施行の効果を一層高めるために必要な都市計画
提案者の要件	① 土地所有者、借地権者 ② まちづくりの推進を目的とするNPO法人、公益法人その他条例で定める団体 ③ 都市計画協力団体	都市再生事業を行おうとする者。なお、土地の所有等は要件ではない。	民間拠点施設整備事業計画の認定を受けた民間事業者。なお、土地の所有等は要件ではない。
提案の要件	① 一定面積以上の一体的な一団の土地の区域(※) ② 法令で定める都市計画に関する基準に適合 ③ 提案に係る土地の区域の土地所有	① 都市再生緊急整備地域内 ② 一定の面積以上の都市再生事業を行おうとする土地の区域の全部又は一部 ③ 法令で定める都	① 認定を受けた拠点施設整備事業を施行する土地の区域の全部又は一部 ② 法令で定める都市計画に関する基準に適合 ③ 提案に係る土地

173

	者等の3分の2の同意 （※）都市計画協力団体による提案の場合には、この面積要件が適用されない。	市計画に関する基準に適合 ④ 提案に係る土地の区域の土地所有者等の3分の2の同意	の区域の土地所有者等の3分の2の同意
提案を踏まえた都市計画の決定等をするかどうかの判断	遅滞なく行う。	速やかに行う。	遅滞なく行う。
提案から都市計画の決定等までの期間		6ヶ月以内	

（5）都市計画の決定等の提案の処理に係る期間

　都市再生特別措置法による提案制度では、原則として都市計画の決定等の提案がなされてから6ヶ月以内に当該提案に係る都市計画の決定等を行うこととされているが、これは、都市再生緊急整備地域内において行われる都市再生事業について、その積極的な実施を誘導する観点から、特に都市計画の決定等の提案からその決定等までの期間を明示することにより、民間事業者がプロジェクトを計画的に進めることができるようにするものである。

　一方、都市計画法による提案制度は、地域住民等のまちづくりに対する能動的な参加を促進し、これを都市計画として積極的に受け止めるための制度であって、全国的な一般制度として創設したものである。したがって、通常の都市計画と同様に具体的な処理期間を明示していないが、都市計画の決定提案に係る事務処理は「遅滞なく」行うこととされており、正当な又は合理的理由に基づく遅滞がない限りは、事案に応じて遅滞なく手続を行うこととしている。

(6) 都市計画の決定等の提案の主体

　都市計画は、当該都市計画が定められた土地の区域内において土地利用制限を課し、土地の所有者又は借地権者の財産権を制約するものであるため、基本的には、都市計画の決定等の提案の主体を土地所有者等としたところである。

　まちづくりNPO等については、都市計画の決定等の提案に係る土地の区域に所有権等を持たない場合が多いと考えられるものの、これらの団体が有している都市計画に関する知識・経験や、住民意見をまちづくりに反映させるための活動を評価し、その取組みを都市計画として積極的に受け止めるため、都市計画の決定等の提案の主体として位置づけることとした。

　まちづくりの推進に関し経験と知識を有する一定の団体（過去10年間に0.5ヘクタール以上の開発行為を行ったことがある開発事業者等）については、都市計画の決定又は変更に関し民間事業者のイニシアティブを認め、当該事業者の経験、知識を積極的に都市計画行政に取り込むことにより、社会経済情勢の変化に対応した機動的な都市計画の決定又は変更が可能となるよう、都市計画の決定又は変更の提案を行うことを認めることとした。

　都市計画協力団体については、まちづくり会社やNPO法人等の法人格を持った団体に加え、住民団体や商店街団体等の法人格を持たない地域に根ざした団体が指定されることが想定される。こうした団体が、都市計画協力団体としての業務を行い、その中で得られた知見に基づき、きめ細やかなまちづくりを推進し、都市計画の効果をより一層高めるような提案が行われることが期待されるため、都市計画の決定又は変更の提案を行うことを認めることとした。

　なお、都市計画協力団体は、都市計画の作成への協力をする能力があると認められる団体であること、業務に係る報告や改善命令等の規定が措置されており業務の確実な実施が見込まれること、業務を行うことにより得られた知見を活かして区域の特性に応じたきめ細やかなまちづくりを推進することが可能であることから、恣意的な都市計画の決定又は変更の提案が行われる

ことは想定し難いため、提案に係る面積要件を撤廃することとした。

10 国土交通大臣の定める都市計画

　法第22条は、法第5条第4項の規定により、国土交通大臣が2以上の都府県の区域にわたる都市計画区域を指定したときは、その都市計画区域内の都市計画で、都府県が定めるものとされる都市計画については、都府県にかわって国土交通大臣がこれを定めることとし、この場合国土交通大臣は、都府県が作成する案に基づいて都市計画を決定することとしたものである。これは、2以上の都府県の区域にわたる都市計画区域において定める都市計画は、都府県を調整する立場にある国土交通大臣が定めることとするのが適当であるからである。

　この規定が適用されるのは2以上の都府県にわたる都市計画区域が指定されていることが前提であって、2以上の都府県にわたる都市計画を決定しようとする場合であっても、都市計画区域が都府県界で区分されているときは、この規定の適用はない。

　2以上の都府県にわたる都市計画区域が指定されたときは、その都市計画区域においては、国土交通大臣が通常の場合の都道府県の権限に属する事務をかわって行うこととなり、都市計画を決定するに当たっての事前の手続、決定後の縦覧のための図書の送付はもちろん、市町村が都市計画を定めるに当たっての協議・同意も国土交通大臣が行うこととなる。

　なお、現在のところ、2以上の都府県の区域にわたる都市計画区域が指定されていないので、本条が適用される事例はない。

11 他の行政機関等との調整等

　都市計画は、行政の各分野にわたる事項を総合的に調整する機能を有するものであるから、その決定に際しては、都市計画を所管する行政機関が関係行政機関と十分調整を図る必要がある。本条はそのための措置を規定したものである。すなわち、第1項においては、市街化区域に関する都市計画は、

農林漁業に重大な影響を与え、また、市街化区域では農地転用許可等の制限が適用除外されることにかんがみ、その決定又は同意に当たり、農林水産大臣と協議しなければならないこととしている。

次に第2項では、市街化区域に関する都市計画の決定又は同意に当たって、産業活動の効率化の見地から経済産業大臣の、公害の防止及び自然環境の保全の見地から環境大臣の意見も聴かなければならないこととされている。

さらに、第3項では、厚生労働大臣は市街化区域に関する都市計画及び用途地域に関する都市計画について公衆衛生等の見地から意見を述べることができるとしている。

第4項では、臨港地区に関する都市計画は実際に港湾を管理運営する港湾管理者の意思を尊重する趣旨からその申し出た案に基づいて定めることとしている。

第5項は、都市施設に関する都市計画の決定又は同意について、その都市施設の設置又は経営について免許、許可等の権限を有する国の行政機関の長に協議しなければならないとして、都市施設の配置計画の整備の実施を効果あるものにしようとしている。

第6項も同じような趣旨から、都市施設に関する都市計画の決定に当たり、その都市施設を管理することとなる者等と協議しなければならないこととしている。

① 当該都市施設を管理することとなる者

法第23条第6項の協議は、当該都市計画において定められる施設の管理につき、あらかじめ管理予定者の同意を得ておくことで、施設が整備された後にスムーズに施設が管理者に引き継がれることを担保するための措置である。したがって、当該都市施設の設置又は経営に当たって許可等の処分が必要な場合であっても、一般的にその者が当該施設を管理する可能性があれば、その者は「当該都市施設を管理することとなる者」として協議の相手方

となりうると解されよう。

② 法第23条第7項については、立体道路制度の適用に当たり道路管理者と協議する理由

　地区整備計画において定めることとなる建築物等の建築限界は、道路機能を確保する上で必要な空間を確保するために設定されるものであるので、限界を定めるに当たり、あらかじめ当該道路の管理者又は管理者となるべき者と協議することとしたものである。

　一方、道路管理者は、当該道路について道路の立体的区域を決定することとなるが、この区域と都市計画の内容として定める建築物等の建築限界を一致させることが合理的であり、このような趣旨からも道路管理者と協議することとしている。

12 国土交通大臣の指示等

　法第24条の規定の趣旨は、都市計画の決定権者は旧都市計画法においては建設大臣だったが、現行の都市計画法では都道府県又は市町村とされている。これに伴い、正に国家的観点からの損失を生じさせることのないよう、都道府県に対し、又は都道府県を通じて市町村に対し、期限を定めて、都市計画区域の指定、都市計画の決定等のため必要な措置をとるべきことを指示できる等の規定を措置したものである。

　なお、現在までのところ、本条により指示等が行われた実例はない。

13 調査のための立入り等

　調査のための立入り等について定めた法第25条の規定の趣旨は次のとおり。都市計画は、都市計画区域における土地の利用に関する制度であるので、都市計画を定めるに当たっては土地の状況等について充分に把握しておくことが必要である。このためには、土地の所有者等との合意の上で必要に応じて土地の立入りをするのが望ましいのは当然であるが、土地の所有者等

が立入りについて反対したときにおいても強制的に立ち入ることが必要となる場合があるので、本条を設けたものである。

（１）都市計画事業の準備等のための調査についての法第25条の適用

　法第25条に規定する立入りは、都市計画の決定又は変更のために必要がある場合に限られている。したがって、都市計画が決定された後における立入りは、これを変更しようとする場合を除き、法第25条によって行うことはできない。

　都市計画事業の準備のための立入り調査等に関しては、都市計画事業について一般的に土地収用法が適用される（☞法69条）ことから、土地収用法第11条から第15条までの規定により立入り調査等を行うことができる。

　また、法第55条の事業予定地の指定に関しても、同じく、土地収用法第11条から第15条までの規定に基づいて立入りを行うことができるものと解される。

（２）都道府県の決定に係る都市計画についての市町村の立入り等

　都道府県決定に係る都市計画に関しては、市町村は都道府県に対し、都道府県が定める都市計画の案の内容となるべき事項を申し出ることができることとされているものの、その場合の市町村はあくまで決定権者ではないので、都道府県知事の命令又は委任がなければ調査のための立入り等はできないものと解される。

第4章

都市計画制限等

1 開発行為等の規制

(1) 開発行為

「開発行為」とは、主として建築物の建築又は特定工作物の建設の用に供する目的で行う土地の区画形質の変更をいうものとされている。

「主として建築物の建築又は特定工作物の建設の用に供する」とは、機能的な面から判断して建築物又は特定工作物に係る機能が主であることを指す。したがって、開発行為を行う土地の一部に建築物の建築又は特定工作物の建設がなされる場合であっても、建築物又は特定工作物の機能が土地全体の利用態様からみて附随的なものであると認められる場合には開発行為に該当しない。

「区画の変更」とは、建築物の建築又は特定工作物の建設のための土地の区画の変更をいい、単なる土地の分合筆は含まれない。

「形質の変更」とは、切土、盛土又は整地をいう。ただし、通常一連の行為として既成宅地における建築行為又は建設行為と密接不可分と認められるもの、例えば基礎打ち、土地の掘削等の行為は、該当しないと考えてよい。

建築物の建築に際し、切土、盛土等の造成工事等を伴わず、かつ、従来の敷地の境界の変更について、既存の建築物の除却や、塀、垣、さく等の除却、設置が行われるにとどまるもので公共施設の整備の必要がないと認められるものについては、建築行為と不可分一体のものであり、開発行為に該当しない（☞開発許可制度運用指針Ⅰ－1－2(1)⑤）。

(2) 開発行為の許可

① 都道府県知事の許可

急激な都市への人口集中に伴い無秩序な市街化が進行し、都市環境の悪化を招来した原因の一つが、総合的土地利用計画と有効な法的規制とを欠いていたことにある。そこで、法第29条において、宅地開発については原則として許可に係らしめるという開発許可制度を設けたのであり、前述の市街化区

域及び市街化調整区域に関する制度と相まって、良好な市街地の計画的、段階的な整備を図ることとしたのである。

また、都市計画法第4条の開発行為の定義に該当する行為であっても、既に他の法律によって規制を受け、それによって本条の目的を達成することが可能であるもの、スプロールの弊害を惹起するおそれのないもの等については、本条の趣旨、目的からいって、都道府県知事の許可を要しないこととしている。

② 開発行為の適用除外
　a 市街化区域、区域区分が定められていない都市計画区域又は準都市計画区域

　　法第29条第1項第1号は、市街化区域、区域区分が定められていない都市計画区域又は準都市計画区域内で行われる小規模な開発行為を適用除外したものである。具体的には令第19条において定められており、市街化区域については、原則として1,000㎡未満の開発行為が適用除外とされているが、都道府県知事は、適用除外の範囲を条例によって必要に応じ300㎡まで縮小することができるとされている。このような適用除外を設けたのは、市街化区域内の開発行為については主として都市環境の面から規制すれば足りると考えられるが、そのうち小規模な開発行為の場合には通常建築も同時に行われることが多く、建築基準法の規制によって接続道路、環境等について所要の基準を確保し、一定の都市環境を維持することができると判断されたからである（☞建築基準法42条Ⅰ⑤、同法施行令144条の4）。

　b 農林漁業に従事している者の業務や居住の用に供する建築物に係るもの

　　法第29条第1項第2号に定める開発行為は、市街化調整区域、区域区分が定められていない都市計画区域又は準都市計画区域内で農林漁業に従事している者の業務や居住の用に供する建築物に係るものであ

り、これを適用除外としたのは、都市計画と農林漁業との適正な調整を図るという見地からはこれを認めてもやむを得ぬものであり、また、実態的にもスプロールの弊害も生じないと判断したからである。

これらの業務の用に供する建築物で適用除外とされるものは、令第20条でその範囲を具体化されており、畜舎、温室、集乳施設等の農作物、林産物又は水産物の生産、集荷の用に供する建築物、サイロ、堆肥舎等の農林漁業の生産資材の貯蔵又は保管の用に供する建築物、建築面積が90㎡以内のもの等となっている。これ以外の業務の用に供する建築物に係る開発行為については都道府県知事の許可が必要とされている。

c 公益上必要な建築物に係るもの

法第29条第1項第3号は、公益上必要な建築物に係る開発行為を規定したものであり、その範囲は令第21条により具体化されている。これらの公益施設を適用除外とした趣旨は、これらの公益施設が都市にとって必要不可欠であると同時に、そのほとんどが、国や地方公共団体ないしこれらに準ずる法人が設置主体であったり、設置について管理法があったりして、一般的にみてスプロールの弊害を生ずるおそれも少ないので、適用除外にしたものである。また、公営住宅について、適用除外とならないことに注意されたい。

d 都市計画事業、土地区画整理事業

法第29条第1項第4号の都市計画事業及び第1項第5号の土地区画整理事業が適用除外とされた理由は、都市計画事業については本法により、土地区画整理事業については土地区画整理法によってそれぞれ都市計画上必要な規制が行われているので、二重の規制をさけるため適用除外としたものである。

土地区画整理事業については、施行区域内で行われる個人施行及び土地区画整理組合施行のもの並びに地方公共団体、行政庁、独立行政

法人都市再生機構及び地方住宅供給公社施行のものは都市計画事業として施行されることとなっているので、第1項第5号に該当するものとして適用除外となるものは、施行区域外で行われる個人施行及び土地区画整理組合施行のものである。この個人施行及び組合施行の土地区画整理事業については、開発行為の許可に準じた規制が行われるよう土地区画整理法第9条第2項及び第21条第2項の規定が設けられている。

e　公有水面埋立法第2条の免許を受けた埋立地

　　法第29条第1項第9号は、公有水面埋立法第2条の免許を受けた埋立地において同法第22条の竣功認可前に行われる開発行為を規定している。公有水面埋立事業については、埋立造成のどの段階に至って開発行為に該当する行為が行われるかは必ずしも明確ではないが、竣功認可前に建築物の建築を目的とした宅地造成が行われることには疑いがない。これを適用除外としたのは、埋立そのものについては都道府県知事の免許を受けており、また竣功認可前に埋立地を使用する場合には知事の許可を受けるべきこととされており（同法23条参照）、重ねて規制する必要がないからである。

f　非常災害時における応急措置として行う開発行為

　　法第29条第1項第10号は、災害時における応急措置的な開発行為を定めたものであり、適用除外とすることがやむを得ないと認められるものである。

g　通常の管理行為、軽易な行為等

　　法第29条第1項第11号は、通常の管理行為、軽易な行為等であり、これを適用除外としているが、これは、これらの行為が無秩序な市街化の防止という開発許可制度の目的達成の見地からみて著しい弊害を生じるおそれがないからである。第1項第11号の行為は具体的には令

第22条で定められている。

③ 都市計画区域及び準都市計画区域外における開発許可

都市計画区域及び準都市計画区域外の区域においても、それにより一定の市街地を形成すると見込まれる規模（1ha）以上の開発行為は、都市的な土地利用と位置づけられることから開発許可が必要である。1ha以上の開発行為は、町内会等の一定のコミュニティが形成され、集会所等の施設が必要とされることが想定される規模であるため、「一定の市街地を形成すると見込まれる」として規制対象とされている。

④ 開発許可制度と補償

市街化区域又は市街化調整区域内における開発行為の制限について、損失が生じた場合に補償が必要でないかという議論がある。これについては、昭和42年3月24日付け宅地審議会の『都市地域における土地利用の合理化を図るための対策に関する答申』で、次のような理由で補償は必要がないとされている。

「わが国の都市化の現状にかんがみるとき、長期的、かつ、総合的見地から土地利用の合理化を図るための対策を確立し、住みよい、働きよい良好な都市環境と都市機能を計画的に形成することは、市民全体の利益であるとともに、国家的要請でもある。このような要請に応えるための規制として開発行為の規制があるのであり、それは公共の福祉を確保するためにするものであり、かつ、それにより現在の利用に対して新たな特別の犠牲を負わしめるものではない。したがって、こうした公共の利益のためには、財産権の行使は、相当の制約を免れることはできないと考えるべきであり、これに対する補償の必要性はないものと考えるべきである」

⑤ 開発許可と建築確認

開発許可制度は開発行為に対する規制であり、建築確認制度は建築物に対する規制であって、ともに相まって健全な都市づくりを図るものであり、開

発行為と建築行為が一体として行われる場合においては、許可と確認がともに必要である。このため、建築確認の申請に当たっては、当該建築に係る敷地が開発許可を受けた開発行為によって宅地造成されたものである等、法第29条第1項若しくは第2項、第35条の2第1項、第41条第2項、第42条又は第43条第1項の規定に適合する旨の証明書を添附しなければならないとされている（☞建築基準法6条及び同法施行令9条⑫）。

⑥ 都道府県知事以外の開発許可

開発許可の権限を有する者は原則として都道府県知事であるが、これには次の3つの例外がある。

第1は、指定都市の区域においては当該指定都市の長が、中核市の区域においては当該中核市の長等が、それぞれ開発許可権限を有する者となる。

第2の例外は、都道府県知事がその権限に属する事務の一部を、条例の定めるところにより、市町村が処理することとした場合である。この場合においては、当該市町村が処理することとされた事務は、当該市町村の長が管理し執行するものとされている（☞地方自治法252条の17の2）。

第3に、都道府県知事は、また臨港地区に係る開発許可の権限についてはそれを港務局の長又は港湾管理者である地方公共団体の長に委任することができるとしている（☞法86条）。

⑦ 開発許可についての条件

開発許可には、特に必要がないと認める場合を除き、工事の施行に伴う災害を防止するための措置等開発行為の適正な施行を確保するため必要な条件、工事を中止した場合の公共施設等の原状回復等に関する条件のほか、開発行為の着手の時期又は完了の時期その他の都市計画上必要な条件を具体的に明記して付すことが望ましい。

⑧ 開発許可の違反に対する措置

開発許可の内容又は許可条件に反した開発行為が行われた場合には、都市

計画上必要な限度において、開発許可の権限を有する者は開発許可の取消し又は許可内容の変更、条件の変更、工事の停止又は原状回復の命令その他違反を是正するために必要な措置をとることができる（☞法81条）。

また、法第29条の規定に違反して許可を受けないで開発行為をした者は、50万円以下の罰金に処せられる（☞法92条③）。

そして、行政手続法第13条により、許可等の取消しをしようとするとき及び処分庁が相当と認めるときにおいては聴聞の機会を付与するとともに、その他の場合においては弁明の機会を付与しなければならない。

⑨ 開発許可を要する開発行為の見直し

社会福祉施設、医療施設、学校（大学、専修学校及び各種学校を除く。）、庁舎等の公共公益施設は、一般に住民等の利便に配慮して建設されることから、市街化調整区域内に立地する際には、周辺に一定の集落等が形成されているような場所に、規模の小さいものが立地することが想定され、無秩序な市街化の促進を引き起こさないものとして開発許可は不要とされていた。

しかし、モータリゼーションの進展等に伴う生活圏の広域化と相対的に安価な地価等を背景として、市街化調整区域において、これらの公共公益施設が当初想定していた立地場所の範囲を超えて、周辺の土地利用に関わりなく無秩序に立地した。あるいは、周辺の集落等へのサービスの供給を超えて、広域から集客するような大規模な公共公益施設が立地する事態が多数出現している。

一方で、様々な都市機能がコンパクトに集積した、歩いて暮らせるまちづくりを進めるためには、これらの公共公益施設が高齢者も含めた多くの人々にとって便利な場所に立地するよう、まちづくりの観点からその適否を判断する必要がある。

こうしたことから、平成19年の改正では、これらの公共公益施設の建築の用に供する目的で行う開発行為を行おうとする場合について、新たに開発許可を要することとした。

（3）許可申請の手続

　法第30条では、予定建築物等の用途を開発許可申請の内容としている。望ましい市街地の基準ないし型態は、その市街地の支配的な用途としてどのようなものを予定しているかによって異なる。例えば、住宅市街地であるならば一定の公園が必要となるし、大規模な工場市街地にあっては住宅市街地の場合より幅の大きい道路が必要とされる。したがって、良好な市街地の確保を目的とする開発許可制度において、予定建築物等の用途が、その重要なチェックポイントの一つとなっているのである。

　また、予定建築物等の用途は、用途地域等の区域内のものを除いて開発登録簿に登録され（☞法47条）、開発区域内においては予定建築物等以外の建築物等の建築等を行ってはならないこととして、開発許可の担保としている（☞法42条）。

（4）設計者の資格

① 設計に係る設計図書の作成

　法第31条では、設計図書の作成は国土交通省令で定める資格を有する者としている。これは、開発行為に関する設計図書の作成は一定規模以上の開発行為に係るものであれば、周辺に大きな影響を与え、また専門的な能力を要するものなので、このような設計図書の作成に関しては一定の資格を要することとし、これによって設計の適正化を確保しようとするものである。

　なお、規則第18条によって、有資格者が設計しなければならないとされている開発行為の規模は1ha以上とされている。

② 資格の認定

　設計図書の設計資格は、不動産鑑定士、建築士、測量士等のように一定の国家試験によって与えられるような独自の資格ではなく、規則第19条の定めるところにより、開発行為の規模に応じて、一定の学歴と経験の組合わせによって持つことができる資格である。したがって、資格が取り消されるということもないのである。

(5) 公共施設の管理者の同意等
① 公共施設の管理者等と協議を行う趣旨

　開発行為を申請しようとする者は、まず公共施設を管理することとなる者と協議する必要がある。この趣旨は、開発行為により設置される公共施設の管理の適正を期するためである。したがって、協議の内容も、公共施設の配置、規模、構造等に関する事項、公共施設の管理の方法及びその期間、土地の帰属及び帰属に伴う費用の負担に関する事項等がその主な内容となる。このうち、公共施設の管理については本条の協議によって別段の定めをすることができるとされ（☞法39条）、また、市街化区域内における主要な公共施設の用に供する土地の帰属に伴う費用の負担についても本条の協議によって別段の定めができることとされている（☞法40条Ⅲ）。

　また、20ha以上の開発許可を申請しようとする者は、①義務教育施設（小、中学校）の設置者、②水道事業者、③一般送配電事業者及び一般ガス導管事業者、④地方鉄道業者及び軌道経営者（40ha未満の開発行為にあっては、③及び④を除く。）と協議する必要がある。これは、大規模な開発行為の施行が、義務教育施設等について新たな投資を必要とする等これらの施設の整備計画に影響を及ぼすので、このような開発行為が行われるに際して、あらかじめ開発行為を行おうとする者とこれらの施設の管理者との事前の話合いを行わせて、施設の管理者が当該開発行為の施行に合わせて適時適切に施設の整備を行いうるようにするという趣旨から定められたものであり、開発行為を行う者に特別な負担を課する趣旨はないので、この点に留意して適切な運用をする必要がある。協議の内容については、その趣旨から、新たに施設を設置し、又は拡充する必要がある場合、開発行為の設計、工事実施の方法等その設置又は拡充と開発行為との間の必要な調整すべてにわたることとなろう。

② 同意等を拒否することの可否

　法第32条第3項の規定により、公共施設の管理者等の同意・協議は、あくまで開発行為に関係がある公共施設及び開発行為により新設される公共施設

第4章　都市計画制限等

の管理の適正等を期することを目的とすることが法文上明確化されている。したがって、本来の公共施設の管理者の立場を超えた理由（いわゆる他事考慮）により同意・協議を拒んだり、手続きを遅延させたりすることは、法の趣旨を逸脱した運用となるおそれがある。

（6）技術基準
①　技術基準

　法第33条は市街地として最低限必要な水準を確保するための基準を定めたものである。すなわち、市街地の水準について、①用途地域等との適合（☞法33条Ⅰ①）、②道路、公園、排水施設、給水施設等の配置、構造の適正化（☞同項②〜④）、③地区計画等との適合（☞同項⑤）、④公共、公益施設及び建築物の用途配分の適正化（☞同項⑥）、⑤地形地質等の見地からする安全上、防災上の措置（☞同項⑦、⑧）、環境保全上の措置（☞同項⑨、⑩）、⑥輸送上その他の見地からする立地条件の適正化（☞同項⑪）を定め、このほか⑦申請者と工事施行者の施行能力（☞同項⑫、⑬）及び⑧関係権利者との権利関係の調整（☞同項⑭）という観点からそれぞれの基準を定めたものである。

　この場合の基準の定め方としては、許可された開発行為が集まれば諸施設の完備した良好な市街地が形成されることとなるというような形で基準を定めようとしても一般的な規定として定めることは不可能であり、都市の骨格をなすもの、すなわち都市幹線、補助幹線街路、近隣公園以上の大規模公園、下水道幹線、鉄道、河川等については、都市施設として都市計画で決定されるべきものであるので、開発許可の基準で具体的に定めることとはせず、開発に関する計画を既に定まっているこれらの都市計画に適合するようにさせることにより、良好な市街地を形成させるようにしている。このため、本条では、その他の公共施設に関する規定のみが詳細に規定されている。

　なお、本項の許可基準と法第34条の基準との関係は、本項の基準が主とし

て市街地の水準から規定したのに対し、法第34条は開発行為の立地の適否、すなわち市街化を抑制すべき区域としての市街化調整区域に例外的に立地することを許容されるものを列挙したものである。したがって、市街化調整区域においては法第34条の各号のいずれかに該当し、かつ、本項の基準に適合するものでなければ開発許可を与えないこととされている。ただし、主として第2種特定工作物の建設の用に供する目的で行う開発行為については、本条の基準に適合すれば足りる。

② 第1項各号の定める基準が適用される開発行為

法第33条の規定は、開発行為を一定水準以上のものに誘導することを目的としているが、同条第1項各号の基準は全ての開発行為に全ての基準が適用されることにはなっておらず、開発行為の目的の別により必要な基準のみが適用されることとされている。

これは、土地利用者が開発者自身か否か、土地利用形態が具体的か集団的か、開発行為の規模が大規模か否かにより、基盤整備や工事完遂等の必要性が異なるため、基準の適用についても、土地利用者、土地利用形態及び開発行為の規模の3要素により決すべきこととしたものである。

③ 道路、公園等の公共施設の整備

法第33条は、市街地として必要な一定の都市施設すべてが開発者自らの手によって整備されなければならないとしているのではない。市街地の基盤となる道路、公園、広場その他の公共空地、排水施設及び給水施設については開発区域の規模に応じた一定の規模及び構造により、開発者自らの手によって整備されなければならないという趣旨であるが（☞法33条Ⅰ②～④）、これら以外の公共施設（河川等）や教育施設等の公益的施設については、必要な場合にそれぞれの施設の管理予定者と協議したうえで開発者はそれらの用地を確保すれば足りるという趣旨である（☞法33条Ⅰ⑥）。

④ 開発区域内の土地に地区計画等が定められている場合

地区計画（法第12条の5第5項第1号に規定する施設の配置及び規模が定めら

第4章 都市計画制限等

れている再開発等促進区・開発整備促進区又は地区整備計画が定められているもの)、防災街区整備地区計画(地区防災施設の区域、特定建築物地区整備計画又は防災街区整備地区整備計画が定められているもの)、歴史的風致維持向上地区計画(歴史的風致維持向上地区整備計画が定められているもの)、沿道地区計画(幹線道路の沿道の整備に関する法律第9条第4項第1号に規定する施設の配置及び規模が定められている沿道再開発等促進区又は沿道地区整備計画が定められているもの)又は集落地区計画(集落地区整備計画が定められているもの)が定められている土地の区域において開発行為が行われる場合において、予定建築物等の用途又は開発行為の設計が、地区計画、防災街区整備地区計画、歴史的風致維持向上地区計画、沿道地区計画又は集落地区計画(以下「地区計画等」という。)の内容に即して定められているべき旨の規定である(☞これらの諸制度の内容については、それぞれ、都市計画法、密集市街地における防災街区の整備の促進に関する法律、地域における歴史的風致の維持及び向上に関する法律、幹線道路の沿道の整備に関する法律及び集落地域整備法の該当規定を参照)。

　これら地区計画等が定められている区域内における土地の区画形質の変更、建築物の建築等の行為については、原則として、届出・勧告制をとることにより、その計画の実現を担保している(☞法58条の2等)。しかし、当該土地の区画形質の変更について開発許可が必要な場合は、これらの届出・勧告制度の適用除外とする代わりに開発許可基準に地区計画等に関する基準を設けて、開発許可制度を地区計画等の区域全体における良好なまちづくりの観点からも機能させ、開発許可の段階で地区計画等の計画内容をある程度実現しようとするものである。

　開発許可において審査されるのは、①予定建築物等の用途が地区計画等に定められた建築物等の用途に即しているか否か、②開発行為の設計における建築物の敷地又は公共施設の配置等が地区計画等に定められた道路、公共空地等の配置及び規模又は区域並びに現に存する樹林地、草地等で良好な居住環境の確保のため必要とされるものに即しているか否かである。

この場合に「即して定められている」とは、開発行為の設計等が当該地区計画等の内容に正確に一致している場合のほか、正確には一致していないが地区計画等の目的が達成されるよう定められていると認められる場合を含む趣旨である。しかし、地区計画等の目的が達成できないような場合（例えば、地区計画等に定められた道路の築造が不可能となるような形で建築物の敷地が設計されている場合等）は、当然「即していない」ものとして、開発許可がされないこととなる。

　なお、開発許可を受けた土地の区域内であっても、建築物の建築等を行う際には、改めて届出・勧告制度の対象となる（☞法58条の２等）。

⑤　樹木の保存・表土の保全等

　法第33条第１項第９号は、ブルドーザー等の大型機械を用いての宅地造成が行われる場合には、樹木、表土が根こそぎに破壊され、宅地造成後の植生の回復が困難になっている現状にかんがみ、宅地造成による現状変更を認めつつも、その設計において可能な限り樹木の保存、表土の保全等の措置を講じさせることをねらいとしている。

　一定規模（原則として１ha、都道府県等の条例で0.3ha以上１ha未満の範囲内で、その規模を別に定めることができる）以上に限って適用することとしているのは、看過しがたい弊害をもたらしている開発行為が相当程度の規模の開発行為であるという実態と、相当程度の規模の開発でなければ、設計において樹木の保存等が実際上配慮できないことによるものである。

⑥　政令が定める技術基準の適用の強化・緩和

　法第33条第３項は本条の技術基準の適用を定める政令の内容について、地方公共団体が条例により、地域特性に応じて柔軟に強化又は緩和することを可能とするものである。当該政令はあくまで全国的に一般的に想定しうる自然的社会的条件等を前提に定められており、地域の特殊な自然条件やまちづくりに対する考え方を反映して、これを変更することは、これまで認められていなかった。このため、地方公共団体によっては、独自に宅地開発等指導

要綱等を制定し、行政指導の形で基準の上乗せ等をしていた。第3項は、開発許可事務が自治事務であることを踏まえ、当該政令の内容自体の変更を可能とするものである。

なお、条例によって変更しうるのは法律の基準を当てはめる際の政令の内容であり、法律の基準そのものを変更するものではないこと、また、当該変更は政令で定める基準に従い行うこととされていることから、開発許可の技術基準が最低水準であるという従来の考え方を変更するものではない。

⑦ 開発区域内において予定される建築物の最低敷地規模

法第33条第4項の最低敷地規模の規制は、いわゆるミニ開発を防止し、良好な環境を形成するため、新たに技術基準として追加されたものであるが、一定の敷地規模を確保する必要性は、地域特性に大きく左右されるものであるため、他の技術基準のように全国一律に義務づけることとはせず、基準の運用自体が条例に委ねられている。また、最低敷地規模規制が財産権に対する制約となることから、その範囲を明確化させるため、区域、目的（自己用又は非自己用）、予定建築物の用途を限って定めることとされている。

制限の内容については、原則200㎡を超えないこととし、市街地の周辺その他の良好な自然的環境を形成している地域においては、200㎡を超え300㎡以下の規制を実施することも可能とされている。

⑧ 景観計画に定められた開発行為についての制限

開発行為は、通常は開発区域を更地とし、新たに道路の敷設、建築物の敷地割等を実施するものであるところ、一般的には、①建築物の建築に比して実施の頻度が低く、多額の費用を要する行為である上、②開発行為後に建築物が建築された場合、その是正は困難となるものであると考えられる。

したがって、景観を阻害する開発行為が行われた場合、景観を阻害する状態が長期間続く可能性が高く、開発行為についても、良好な景観を保全する観点からの規制を課す必要性が高い。

また、開発行為を実施する場合には、原則として都道府県知事等から許可

を受けなければならず、この際に公共施設の整備水準等について精細な審査を受けることとなるため、開発行為に対し、変更命令や許可といったある程度強い規制を課す場合にあっては、これに合わせて景観の観点からのチェックを行うことが、行為者の負担軽減や手続の簡素化・合理化という観点からは、望ましいものと考えられる。

　このような観点から、景観法に基づく景観行政団体は、景観計画区域において、開発許可の上乗せ基準を定めることができることとしたものである。

　具体的には、景観計画区域内における開発行為について景観行政団体が規制することが可能となっている項目と同様、①切土若しくは盛土によって生じる法の高さの最高限度、②開発区域内において予定される建築物の敷地面積の最低限度、③木竹の保全若しくは適切な植栽が行われる土地の面積の最低限度に関する制限の三項目について制限を定めることができることとなっている。

⑨　開発許可権者以外の市町村の場合

　法第33条第3項から第5項までの規定において、開発許可権者以外の市町村も条例を制定して技術基準を強化若しくは緩和又は付加することができることとされているが、開発許可権を有さない市町村が技術基準の強化等を行おうとする場合、都道府県知事への協議を行い、同意を得なければならないこととしたものである。

⑩　公有水面埋立法第22条第2項の埋立地において行う開発行為

　第7項は公有水面埋立法の基準との重複を避ける意味で設けられた。すなわち、埋立地については、埋立免許に際し、その埋立目的に照らして埋立地の利便の増進と環境の保全とが図られるように第1項で定める事項と同じ事項について所要の措置が講ぜられることとされており、これを開発許可の基準とすることが手続上合理的であるからである。

(7) 立地基準

　法第34条は、法第33条が主として市街地の水準の面から開発許可の基準を定めたのであるのに対し、開発行為の立地性を規制する面からこれを定めたものである。すなわち、市街化を抑制すべき区域としての市街化調整区域においてスプロール防止の観点から許容し得る開発行為を限定したものである。

　そして、許容しうる開発行為を大別すると、スプロール対策上何らの支障がないと認められるものとスプロール対策上支障はあるが、これを認容すべき特別の必要性が認められるものの2つがある。

① 法第34条第1号で許可できるとした開発行為

　市街化調整区域といえどもそこに居住している者の日常生活が健全に営まれるよう配慮することが必要であるので、この要請に応えるため必要なものは、許可しうることにしたのである。

　本号に該当する公益上必要な建築物としては、従来許可不要とされていたいわゆる生活関連施設である公共公益施設が想定され、例えば、主として開発区域の周辺居住者が利用する保育所、学校（大学、専修学校及び各種学校を除く。）や、主として周辺の居住者が利用する診療所、助産所、通所系施設である社会福祉法第2条に規定する社会福祉事業の用に供する施設又は更生保護事業法第2条第1項に規定する更生保護事業の用に供する施設（以下「社会福祉施設」という。）等が考えられる。入所系施設である社会福祉施設については、主として当該開発区域の周辺の地域に居住する者、その家族及び親族が入所するための施設である建築物などが考えられる。

　また、本号に該当する典型的な店舗等としては、日常生活に必要な物品の小売業又は修理業、理容業、美容業、自動車修理工場、はり、きゅう、あん摩等の施設である建築物等が考えられるが、当該地域の市街化の状況に応じて、住民の利便の用に供するものとして同種の状況にある地域においては通常存在すると認められる建築物の建築の用に供する開発行為についても、本

号に該当するものと取り扱うことができるので、主として周辺の居住者の需要に応ずると認められるガソリンスタンド及び自動車用液化石油ガススタンド（主としてその周辺の市街化調整区域内に居住する者の需要に応ずるとは認められないもの、例えば高速自動車国道又は有料道路に接して設置されるガソリンスタンド並びに自動車用液化石油スタンド等を除く。）、農林漁業団体事務所、農機具修理施設、農林漁家生活改善施設等は、本号に該当するものとして取り扱うことが可能であると考えられる。一方で、当該開発区域の周辺に居住する者を主たるサービス対象とすると認められるものに限定すべきものと解されるので、著しく規模の大きい店舗等は、原則として認められない。

なお、主として当該開発区域の周辺の市街化調整区域内に居住している者の日常生活のため必要な物品の販売、加工、修理等を営む店舗、事業場その他これらの業務の用に供する建築物のうち、その延べ面積（同一敷地内に2以上の建築物を新築する場合においては、その延べ面積の合計）が50㎡以内のもの（これらの業務の用に供する部分の延べ面積が全体の延べ面積の50％以上のものに限る。）の新築の用に供する目的で当該開発区域の周辺の市街化調整区域内に居住している者が自ら当該業務を営むために行う開発行為で、その規模が100㎡以内であるものについては、法第29条の開発許可を要しない（☞法29条Ⅰ⑪、令22条⑥）ので、留意することが望ましい（☞開発許可制度運用指針Ⅰ—6—2）。

② 法第34条第2号で許可できるとした開発行為

法第34条第2号は、市街化調整区域内に存する鉱物資源、観光資源等の有効な利用上必要な建築物の用に供する目的で行う開発行為であり、これを許可し得るとしたのは、鉱物資源、観光資源等を有効に利用することが地域振興を図るために必要なことであり、また、実際上も資源が利用される場所が特定されて、無秩序な市街化が図られることも少ないと考えられたからである。

「鉱物資源の有効な利用上必要な建築物」には、鉱物の採掘、選鉱その他

の品位の向上処理及びこれと通常密接不可分な加工並びに地質調査、物理探鉱などの探鉱作業及び鉱山開発事業の用に供するものが該当する。すなわち、日本標準産業分類のD—鉱業に属する事業に加え、市街化調整区域において産出する原料を使用するセメント製造業、生コンクリート製造業、粘土かわら製造業、砕石製造業等に属する事業に係る建築物が該当し、産業分類のF—製造業に属する鉄鋼業、非鉄金属製造業、石油精製業、コークス製造業等は該当しない。また、「観光資源の有効な利用上必要な建築物」としては当該観光資源の鑑賞のための展望台、その他の利用上必要な施設、観光価値を維持するため必要な宿泊施設又は休憩施設その他これらに類する施設で、客観的に判断して必要と認められるものが該当する。

「その他の資源」としては、水が含まれるので取水、導水、利水又は浄化のため必要な施設が本号に該当する。なお、当該水を原料、冷却用水等として利用する工場等は原則として本号には該当しないが、当該地域で取水する水を当該地域で使用しなければならない特別の必要があると認められるものは、本号に該当するものとして差しつかえないとされる（☞開発許可制度運用指針Ⅰ—6—3）。

③ 法第34条第3号で許可できるとした開発行為

法第34条第3号の趣旨は、湿度、温度、空気等に関する特別の自然的条件に支配される事業（例えば醸造業、精密機械鉱業等）についてはそのような特別の自然的条件を一種の広義の資源であると解してこれを認めようとしたのである。しかし、現在の工業技術から人工的に湿度、温度等の条件が作れる事例が多いなどの理由で第3号の政令は未制定であり、本号により許可される開発行為は存しない。

④ 法第34条第4号で許可できるとした開発行為

市街化調整区域内においては、農業などの第1次産業が継続して営まれるものと見込まれるがこのための開発行為は市街化の一部と考えるべきでなく、また、それがスプロール対策上著しい支障を及ぼすおそれもないので、

一定の農業用建築物を開発許可制度の適用除外とした法第29条第1項第2号と同様の趣旨から、同号の適用除外とされない農林漁業関係の開発行為についても本号において許可し得るとしたのである。

　農産物等の処理、貯蔵又は加工に必要な建築物としては、当該市街化調整区域における生産物を主として対象とする業種の用に供するための開発行為が該当するものと考えられる。その業種としては、畜産食料品製造業、水産食料品製造業、野菜かん詰・果実かん詰・農産保存食料品製造業、動植物油脂製造業、精穀・精粉業、砂糖製造業、配合飼料製造業、製茶業、でん粉製造業、一般製材業、倉庫業等がある（☞開発許可制度運用指針Ⅰ―6―4）。

⑤　農林業等活性化基盤施設に係る開発行為

　法第34条第5号は、特定農山村地域における農林業等の活性化のための基盤整備の促進に関する法律（以下「特定農山村法」という）の制定に伴い追加されたものであり、特定農山村法第8条第6項の規定によりあらかじめ都道府県知事の承認を受けて市町村により作成・公告された所有権移転等促進計画に従って行われる農林業等活性化基盤施設に係る開発行為について、開発しうる対象として追加したものである。

　これは、所有権移転等促進計画に定められた土地の全部又は一部が市街化調整区域内にあり、かつ、所有権の移転等が行われた後に農林業等活性化基盤施設の用に供されることとなる場合には、特定農山村法第8条第6項の規定により都道府県知事の承認を受けなければならないが、この承認の際に、都道府県知事が農林業等活性化基盤施設の立地について法第34条各号又は令第36条第1項第3号の規定に適合するか否かの観点からあらかじめ審査することとなり、開発許可の審査段階で改めて法第34条の適合性を審査する必要がないためである（なお、法第33条第1項の技術基準については適合性を審査する必要がある。）。

⑥　中小企業者の行う他の事業者との連携等のための開発行為

　法第34条第6号は、都道府県が国又は独立行政法人中小企業基盤整備機構

(以下「中小機構」とする。）と一体となって助成する中小企業者の行う他の事業者との連携等のための開発行為であり、これを許可し得るとしたのは中小企業の振興の重要性を考慮したからであり、また、貸付け時の都道府県のチェックによってスプロールの防止対策上の措置がとられるものと期待し得るからである。「都道府県が…中小機構と一体となって助成する」とは、例えば都道府県が中小機構から貸付けを受けて中小企業の高度化に必要な資金の貸付けを行ったり、逆に中小機構が都道府県から貸付けを受けて中小企業の高度化に係る融資を行ったりすることをいう。

⑦　市街化調整区域内において行う建築等のための開発行為

　法第34条第7号は、市街化調整区域内の既存の工場における事業と密接な関連を有する事業の用に供する建築物等で、これら事業活動の効率化を図るため市街化調整区域内において建築等をすることが必要なものについては、その建築等のための開発行為を特別の必要があるものとして許可し得ることとしたものであるが、事業活動の効率化の判断に際しては、既存の事業の質的改善が図られる場合のみならず事業の量的拡大を伴う場合も含め許可の対象として取扱って差し支えない。

　「密接な関連を有する」とは、市街化調整区域内に立地する既存工場に対して自己の生産物の5割以上を原料又は部品として納入している場合であって、それらが既存工場における生産物の原料又は部品の5割以上を占める場合等具体的な事業活動に着目して、生産、組立て、出荷等の各工程に関して不可分一体の関係にある場合が考えられる（☞開発許可制度運用指針Ⅰ－6－5）。

⑧　法第34条第8号で許可できるとした開発行為

　立法の趣旨は、危険性等の理由で市街化区域に立地することが適当でない建築物又は第1種特定工作物の用に供する目的で行う開発行為については市街化調整区域において許可しようとしたものであり、市街化調整区域において立地が認められるものは、火薬類取締法第12条に規定する火薬庫である建

築物又は第1種特定工作物とされている（☞令29の6）。

⑨ 法第34条第9号で許可できるとした開発行為

建築物等のうちには、その用途により市街化区域及び市街化調整区域を問わず立地することにより、その機能を果たすものがある。

本規定に基づいて立地を認容し得る建築物等としては、以下のものが規定されている（☞令29条の7）。

　a　道路管理施設

　　高速自動車国道等において、その道路の維持、修繕その他の管理を行うために道路管理者が設置するもの

　b　休憩所

　　自動車運転者の休憩のための施設（宿泊施設は含まない。）であり、いわゆるドライブインで適切な規模のもの

　c　給油所

　　いわゆるガソリンスタンドであり、それに類似する自動車用液化石油ガススタンドも含まれる。

⑩ 法第34条第10号で許可できるとした開発行為

地区計画の区域（地区整備計画が定められている区域に限る。）においては、地区計画に適合する開発行為について、開発許可できることとしている。これは、①都市郊外部における良好な居住環境の提供が求められていること、②市街化調整区域において、やむを得ず許可した建築物が土地利用計画がないままに相当数集積しつつあること等を踏まえ、無秩序な市街化を防止しつつ、良好な居住環境を確保するため、当該地区計画に定められた内容に適合する開発行為については、開発許可することができることとしたものである。

また、集落地域整備法に基づく集落地区計画の区域（集落地区整備計画が定められている区域に限る。）においても、集落地区計画に適合する開発行為について、開発許可できることとしているが、これは、①都市近郊集落にお

いては、既存の生活環境ストックを有効に活用して地域の活性化を図る必要があり、②都市近郊集落における生活の実態が市街化区域内のそれに近いものであることにかんがみ、当該地区の詳細な整備計画（集落地区整備計画）に適合して行われることによりスプロール等の弊害のないものについては、開発許可が行われても制度趣旨に反することはないとの考え方によるものである。

　法第34条第10号に基づく許可に当たって、開発行為の設計や予定建築物の用途と地区計画又は集落地区計画との整合性が審査されるのは、法第33条第5号の場合と同様であるが、同号が「即して」であるのに対し、第10号は「適合する」とされており、地区計画又は集落地区計画の内容に正確に一致している場合に限られる。

　また、開発行為の設計や予定建築物の用途のみならず、開発行為の内容が全体として、地区計画又は集落地区計画の趣旨（例えば、方針の内容）に照らして適切か否かを判断すべきである。

⑪　法第34条第11号で許可できるとした開発行為

　法第34条第11号の趣旨は、市街化区域に隣接し又は近接し、自然的社会的諸条件から一体的な日常生活圏を構成していると認められ、かつ、おおむね50戸以上の建築物が連たんしている区域は、既に相当程度公共施設が整備されており、又は、隣接、近接する市街化区域の公共施設の利用も可能であることから開発行為が行われたとしても、積極的な公共投資は必ずしも必要とされないとの考えで設けられたものである。区域の設定にあっては市街化区域に隣接又は近接していること、自然的社会的諸条件から一体的な日常生活圏を構成していると認められること、おおむね50戸以上の建築物が連たんしていること、これらの要件すべてを満たす区域を設定する必要があり、いずれかの要件のみ満たすだけの区域設定は行うことはできないこととされている。また、市街化調整区域が用途地域等、都市施設の都市計画決定、市街地開発事業が予定されないという基本的な性格を踏まえて、開発が行われるこ

とによりスプロールが生じることのないよう、開発区域の周辺の公共施設の整備状況や市街化調整区域全域における土地利用の方向性等を勘案して適切な区域設定、用途設定を行うことが望ましいと考えられる（☞開発許可制度運用指針Ⅰ―6―8）。

⑫ 法第34条第12号で許可できるとした開発行為

法施行以来の実務の積み重ねにより、第34条第14号に相当する開発行為のうち、区域、目的又は予定建築物等の用途を限定することにより開発審査会で実質的な審査をせずとも、定型的に処理できるものがある。これらの開発行為については、事前に開発許可権者の統括する地方公共団体の条例で区域、目的、又は予定建築物等の用途を限って定めれば、開発審査会の議を経ずとも許可することができることとし、手続の迅速化・合理化を図るものである。

⑬ 法第34条第13号で許可できるとした開発行為

都市計画の決定又は変更により市街化調整区域となった土地の区域に以前から土地の所有権又は土地の利用に関する所有権以外の権利（地上権、賃借権など）を有していた者に対し、いわば経過的な措置として、5年間に限り、土地の利用権の行使を従前からの計画通りに認めようとするものである。したがって、本号では、土地利用の目的が、自己の居住若しくは業務の用に供する建築物の建築又は自己の業務の用に供する第1種特定工作物の建設である場合に限っている。

また、法第34条第13号で定める「自己の居住の用に供する」とは、開発行為を施行する主体が自らの生活の本拠として使用することをいう趣旨であるので、当然自然人に限られることとなり、会社が従業員宿舎の建設のために行う開発行為、組合が組合員に譲渡することを目的とする住宅の建設のために行う開発行為は、これに該当しないものと考えられる（☞開発許可制度運用指針Ⅰ―6―10）。

「自己の業務の用に供する」とは、当該建築物又は第1種特定工作物内に

おいて継続的に自己の業務に係る経済活動が行われることであり、また、文理上この場合は住宅を含まないので、分譲又は賃貸のための住宅の建設又は宅地の造成のための開発行為は該当しないことはもちろん、貸事務所、貸店舗等も該当しない。これに対し、ホテル、旅館、結婚式場、中小企業等協同組合が設置する組合員の事業に関する共同施設、企業の従業員のための福祉厚生施設等は該当するものと考えられる（☞開発許可制度運用指針Ⅰ—6—10）。

法第34条第13号の届出をした者の地位の承継については、開発許可に基づく地位の承認（☞法44条）の場合と異なり、明文の規定はない。しかし、法第44条との均衡から届出をした者の相続人その他の一般承継人は本号の届出をした者の地位を承継するものと解される（☞開発許可制度運用指針Ⅰ—6—10）。

⑭　法第34条第14号で開発審査会の議を経ることとした理由

法第34条第14号においては、前各号の規定に比して一般的、包括的な定め方をしている。すなわち、第1号から第13号までのいずれの規定にも該当しないもので、周辺の市街化を促進するおそれがないと認められ、かつ、市街化区域内において行うことが困難又は著しく不適当なものについては、開発審査会の議を経て許可できるとしている。

第14号を設けた理由は、前各号がいずれも限定的であるので、場合に応じて、特例的な救済措置が必要だからである。いずれの場合にも、開発審査会の議を経ることとしたのは、第14号が一般的、包括的な規定であるという性格上、裁量的な要素が多く、場合に応じて公正かつ慎重な運用を行うことが不可欠であり、このためには、学識経験者から構成される第三者機関の判断を基礎として開発許可権限者が許可権限を行使していくことが適当であるからである。

これに該当する具体的な事例には、通常原則として許可して差し支えないものと考えられるものとして、例えば次のような建築物の用に供する開発行

為がある。

　　a　分家に伴う住宅等
　　b　収用対象事業の施行により移転又は除却しなければならない建築物に代わるべきものとして、従前とほぼ同一の用途、規模及び構造で建築される建築物
　　c　社寺仏閣及び納骨堂
　　d　研究対象が市街化調整区域に存在すること等の理由により当該市街化調整区域に建設することがやむをえないと認められる研究施設
　　e　法第34条第1号から第14号までの規定により許可を受けた開発行為に係る事業所又は従前から当該市街化調整区域に存する事業所において業務に従事する者の住宅、寮等で特に当該土地の区域に建築することがやむを得ないと認められるもの
　　f　土地区画整理事業の施行された土地の区域内における建築物
　　g　独立して一体的な日常生活圏を構成していると認められる大規模な既存集落であって当該都市計画区域に係る市街化区域における建築物の連たんの状況とほぼ同程度にある集落において建築することがやむを得ないものと認められる次に掲げる建築物
　　　(ⅰ)　自己用住宅
　　　(ⅱ)　分家住宅
　　　(ⅲ)　小規模な工場等（原則として当該指定既存集落に、当該区域区分に関する都市計画が決定され又は当該都市計画を変更して市街化調整区域が拡張される前から生活の本拠を有する者が設置するものに限る。）
　　　(ⅳ)　公営住宅（主として当該指定既存集落に居住する者を入居対象とする目的で建設されるもの）
　　h　地区集会所その他法第29条第1項第3号に規定する施設に準ずる施設である建築物
　　i　既存建築物の建替
　　j　建築基準法第39条第1項の災害危険区域等に存する建築物の移転

k 市街化調整区域における自然的土地利用と調和のとれたレクリエーションのための施設を構成する建築物
l 地域経済牽引事業の促進による地域の成長発展の基盤強化に関する法律（平成19年法律第40号）第14条第2項に規定する承認地域経済牽引事業計画に基づき、同法第11条第2項第1号に規定する土地利用調整区域内において整備される同法第13条第3項第1号に規定する施設
m 特定流通業務施設
n 有料老人ホーム等
o 介護老人保健施設
p 優良田園住宅
q 社会福祉施設
r 医療施設
s 学校関係

また、次に掲げる事例についても、やむを得ない事情が認められ、周辺の土地利用に支障を及ぼさない限り、法第29条又は第43条の規定による許可が相当か否かの審査の対象として差し支えないと考えられる。

a 既存の土地利用を適正に行うため最低限必要な管理施設の設置
b 既存の住宅の増築のためやむを得ない場合の敷地拡大
c 法に基づく許可を受けて建築された後相当期間適正に利用された建築物のやむを得ない事情による用途変更

⑮ 「許可をしてはならない」趣旨

法第34条は、市街化調整区域に係る開発行為については、法第33条に適合する場合は都道府県知事は「開発許可をしなければならない」という拘束規定にかかわらず、法第34条各号のいずれかに該当すると認める場合でなければ、開発許可をしてはならないという拘束を都道府県知事に定めたものに過ぎないので、同条各号のいずれかに該当すれば、法第33条の拘束のみが働い

て、都道府県知事は許可をしなければならないこととなる。したがって、このような場合においては、都道府県知事は必ず許可しなければならないこととなる。

(8) 開発行為の変更の許可

開発行為の変更の許可については、従来、法令上の規定がなく、許可を要する範囲、申請手続等が各都道府県において、取扱いが区々となっていたことから、変更の許可に係る規定の整備を行い、事務処理の合理化を図ることを目的として法第35条の2を定めている。

① 開発許可の変更の許可が必要となる場合

開発許可を受けた者が法第30条第1項各号に掲げる開発許可申請書の記載事項を変更しようとする場合には、国土交通省令（☞規則28条の4）で定める軽微な変更をしようとする場合を除き、変更許可を受けなければならない。

具体的には、以下の事項を変更しようとする場合である。

a 開発区域（開発区域を工区に分けたときは開発区域及び工区）の位置、区域、規模
b 開発区域内において予定される建築物又は特定工作物の用途
c 開発行為に関する設計
d 工事施行者
e 自己用・非自己用、居住用・業務用の別
f 市街化調整区域内において行う開発行為については、当該開発行為が該当する都市計画法第34条の号及びその理由
g 資金計画

なお、許可の対象となるのは、開発許可後で、かつ、完了公告前の変更であり、それ以外の変更については本条の適用はない。

また、当初の開発許可の内容と同一性を失うような大幅な変更については、新たに開発許可を受けることが必要となるであろう。

② 許可が不要な軽微な変更

許可の不要な軽微な変更は、許可基準に直接的に関係しないものとして、以下のものがある。

a 開発行為の設計の変更のうち、予定建築物等の敷地の形状

ただし、以下のものについては変更の許可が必要である。

(i) 予定建築物等の敷地の規模の10分の1以上の増減を伴うもの

(ii) 住宅以外の建築物又は第1種特定工作物の敷地の規模の増加を伴うもので、当該敷地の規模が1,000㎡以上となるもの

例えば、敷地と敷地の間の境界線を変更する場合等が考えられる。

第2種特定工作物については、敷地と開発区域が同一と考えられることから、敷地の形状の変更は、開発区域の変更となり、許可が必要となる。

敷地の数が変わる場合については、敷地一つひとつの規模が10分の1未満しか増減していなくとも、許可が必要となる。

住宅以外の建築物又は第1種特定工作物の敷地の規模の増加で、許可が必要となるものは、当初の敷地の規模が1,000㎡未満で、変更後の敷地の規模が1,000㎡以上となる場合であり、したがって、当初から敷地の規模が1,000㎡以上である場合は許可が不要となる。

なお、開発行為の設計の変更については、予定建築物等の敷地の形状以外のものは全て許可が必要となるが、頻繁に変更される場合には、個々の変更については、事前協議の活用等により、逐一許可に係らしめずに一括して処理すること等により事務処理の合理化を図ることは可能であろう。

b 工事施行者の変更

ただし、非自己用の開発行為及び開発区域の面積が1ha以上の自己業務用の開発行為については、工事施行者の氏名、名称、住所の変

更に限り許可が不要となり、主体が変更される場合には許可が必要となる。

自己居住用の開発行為及び開発区域の面積が1ha未満の自己業務用の開発行為については、工事施行者の主体が変更される場合であっても許可は不要である。

　c　工事着手予定年月日又は工事完了予定年月日

（9）工事完了の検査

法第36条では、開発許可を受けた者は、当該開発区域の全部について当該開発行為に関する工事を完了したときは、その旨を都道府県知事に届け出ることとしている。また、都道府県知事は速やかに工事完了の検査を行い、検査済証を交付するとともに、完了した旨の公告をすることとしている。

（10）建築制限等

開発行為が開発許可の内容に従って厳正に実施されることを担保するために、都市計画法では工事完了の検査について定めているが（法36条）、第37条では同じ趣旨から開発許可の内容に反する土地の利用を抑制するため、工事完了の検査の公告までの間は建築物等の建築等を原則として禁止している。

ただし、「都道府県知事が支障がないと認めたとき」は例外としてる。具体的には、駅舎、官公署等の公益的施設を先行的に建設する場合、既存の建築物等を開発区域内に移転し、又は改築する場合、自己の居住又は業務の用に供する建築物等の建築等を宅地の造成と同時に施工することが必要な場合、建築と開発行為の主体が同一で、両者を別個に行うことにより著しい手戻りが生ずる場合等が考えられる。

（11）開発行為等により設置された公共施設の管理

開発行為を行う場合に、道路、公園、排水施設等の公共施設の整備を義務づけたことと関連し、開発行為に際して設置された公共施設の管理の適正を

確保するためには、その管理の主体を明確にする必要がある。このためには公共施設の管理の主体を他の類似の制度を勘案して、原則として市町村とし、総合的にその管理を実施することが適当であると認め、法第39条の規定を置いている。

(12) 公共施設の用に供する土地
① 法第40条第1項の規定
　開発許可を受けた開発行為又は開発行為に関する工事により従前の公共施設が廃止される場合には、その公共施設の用に供されていた土地は、その他の土地や建物等と同様に開発行為を行う者が買収する等により必要な権原を取得すべきものである。しかし、本法においては道路、排水施設等の公共施設を整備する義務を課したことと関連して、代替的な機能を有する公共施設が設置される場合には、その敷地と従前の敷地が当然に交換されるものとして整理することが事務処理の上で便宜であると考えられるので、国有財産法及び地方公共団体の財産の処分に関する法令について特例を定めたものである。

　なお、既存公共施設用地が国又は地方公共団体以外の者の所有であった場合には、法第40条第1項の適用はなく、それぞれ当事者間の協議による契約で定めることとしている。民有地についてこのような規定を置いていないのは従前の民有地である敷地については、開発許可を受けた者が買収する等により必要な権原を取得すべきものと考えられるからである。

　法第40条第1項にいう「従前の公共施設に代えて」とは、従前の公共施設の機能に代わる機能を有する公共施設という趣旨であって、その構造、規模等が同一であることを要せず、従前の公共施設が複数であっても、これらを単一の公共施設にまとめて整備する場合も含まれる。また、必ずしも新旧が等価であることを要しない。

② 法第40条第3項の規定
　法第40条第3項は、都市施設の整備に要する費用の負担区分について定め

た規定である。宅地審議会の第6次答申（昭和42年3月24日）にもあるとおり都市地域における土地利用の合理化を図るためには都市施設の整備に要する費用の負担区分を明確化する必要があり、その場合、市街化区域内の根幹的施設については国又は地方公共団体が、その他の施設（市街化区域内の根幹的施設以外の施設及び市街化調整区域内の施設）については開発行為を行う者が負担することとするのが合理的であるとの考え方に立って本項が規定されたものである。

③ 公共施設の整備に要する費用の負担原則

現行の都市計画法は「都市地域における土地利用の合理化を図るための対策に関する答申」（☞宅地審議会第6次答申）における考え方を基礎としているが、この第6次答申においては、公共施設の整備に関する開発者と地方公共団体との責任分担の問題もとりあげられている。すなわち、市街化区域については、市街地形成の根幹となるような幹線街路、下水道幹線等は国及び地方公共団体がその負担において整備し、これらの幹線に持続する支線的な道路、排水施設等は開発者の負担において負担することとし、市街化調整区域については、支線的施設のみならず、幹線的施設についても開発者の責任と負担において整備することを原則とすると述べられているのである。

これを踏まえて法第33条の許可基準は従来の住宅地造成の基準に比して相当程度強化され、開発行為を行う者が区画街路、公園、排水施設等の公共施設を整備すべきこととしており、また、法第40条第3項において幹線道路等一定の根幹的都市計画施設に供する土地が開発者によって造成された場合には、市街化区域内に限り開発者は国又は地方公共団体に当該土地の取得に要すべき費用の額の全部又は一部を負担すべきことを求めることができるとしている。

(13) 建築物の建蔽率等の指定
① 法第41条の規定の趣旨

用途地域の定められていない土地の区域においては用途地域の設定により

建築物の建蔽率、高さ、容積等に関する一般的な制限を課することは不可能である。

しかし、開発行為が用途地域の定められていない土地の区域で許可される場合があり、これらの開発行為の規模、目的、周辺との関係等に照らして、市街化区域と同様建築物に関する規制を行うことが必要と認められることがあるので、用途地域及びこれを前提とする高度地区等の設定に伴う建築物の敷地、構造及び設備に関する制限に代えて、直接これらの制限を行いうることとしたのがこの条の趣旨である。

② 制限を定める基準

法第41条は、用途地域の定められていない土地の区域においては、都市計画上必要がある場合に、少なくとも用途地域（用途地域を前提として定められる地域地区を含む。以下同じ）の設定に伴う建築物の敷地、構造及び設備に関する制限（用途自体に関する制限を除く。以下同じ）に代えて、直接これらの制限を行いうることとした規定であるので、開発行為が行われる区域について、必要と認められる用途地域を想定し、当該用途地域に係る制限に準ずる建築物の敷地、構造及び整備に関する制限を定めることが望ましい（☞開発許可制度運用指針Ⅰ—12(1)）。

③ 第2項ただし書の許可

法第41条第2項ただし書の許可の運用については、建築基準法第53条、第55条、第56条等に規定する制限の例外の運用に準ずる取扱いを基準として行うことが望ましい（☞開発許可制度運用指針Ⅰ—12(2)）。

(14) 開発許可を受けた土地における建築等の制限

開発許可の申請に際しては、将来当該開発区域に建築される予定の建築物等の用途を明らかにし、これを基礎として法第33条、第34条の基準を適用し、許可又は不許可の処分を行うこととされている。したがって、開発区域内において予定建築物等以外の建築物等が無制限に建築されることとなれ

ば、開発許可制度による規制の効果は著しく失われることとなるので、原則としてこれを認めないこととしたのである。

しかし、当該開発区域内の土地について用途地域、流通業務地区又は港湾法第39条第1項の分区が定められている場合にはこれら用途地域等による用途の規制を受ける建築物等の用途はその用途地域等に適合すれば足りると認められるので、本条の制限を行わないこととし、また、都道府県知事が当該開発区域等における利便の増進上又は環境の保全上支障がないと認めた場合にも同様の制限を行わないこととしたものである。

(15) 開発許可を受けた土地以外の土地における建築等の制限
① 法第43条の規定の趣旨

開発許可制度は、秩序ある市街地の形成を図ることを目的とするものであり、そのためまず建築用地の造成である開発行為の規制に着目してこの目的を達成しようとしたものである。しかしながら、この目的を達成するためには本来開発行為の段階における規制のみでは十分ではない。既存の宅地に住宅や第1種特定工作物が開発行為を要せずしてそのまま建築あるいは建設される場合のように開発行為を伴わない建築行為等も規制の対象とすることが必要である。

ところで、市街化区域は積極的に市街化を許容する区域であり、開発行為の規制に当たっても一定の技術的基準を満たすことをもって許可することとしている。また、建築物の建築等については、建築基準法により規制が行われるので、これに加え更に開発許可制度によって規制を行う必要性及び妥当性は現在のところ薄いと思われるところから、本条による規制を行わないこととしている。

一方、市街化調整区域は、市街化を抑制する区域であり、開発行為を伴わない建築行為等について規制を行わなければ、開発行為のみを規制しても、市街化を抑制するという目的を達成することは絶対に不可能である。そこで、建築物の建築等について、法第43条により規制を行うこととしているの

である。したがって、その規制の内容は、開発行為についての市街化調整区域内での規制とほぼ同様のものとなっている。

② 用途の変更を伴わない改築や増築の許可

法第43条の規定において、用途の変更を伴わない改築や増築は許可を要しないと解することができる。この場合「改築」とは、その建築物の用途、規模、構造が従前と著しく異ならないものであること、「増築」とは、建築物の既存の敷地内におけるものと解する（☞昭和45年6月16日神奈川県建築部長あて建設省計画局宅地部宅地開発課長回答）。

③ 建築物等の滅失又は除却後の建築等

従前の建築物等が滅失または除却し、その建築物等と同様の建築物等を建築等する場合は、文理上、法第43条の規制を受けないと考えられるが、従前の建築物等とは異なった設計の建築物等を建築等する場合は、建築物等の新築等に該当するから、本条の規制を受けることになる。

④ 既存宅地制度が廃止された趣旨

平成12年の都市計画法の改正までは既存宅地における建築行為については許可不要となっており、同様の区域における開発行為とのバランスを著しく欠くばかりでなく、周辺の土地利用と不調和な建築物が建築物の連たんに応じて順次拡大していること、建築物の敷地の排水、安全性等に関する基準など本来必要な基準が適用されていないこと、線引き以来時間の経過により既存宅地の確認が困難になっていること等の問題が顕在化していた。

このため、これまで特例として許可が不要とされてきたもの（法第43条）と同様の要件を満たす区域等をあらかじめ条例で定め（令第36条第1項第3号ロ及びハ）、当該区域においては、建築物の用途が環境保全上支障がある場合等を除き許可できることとし（許可制への移行）、規制の合理化を図ることとされた。

これにより、線引き時点で既に宅地であったか、新規の宅地開発かを問わ

ず、都道府県知事による許可制となり、既存宅地制度は廃止された。

(16) 許可に基づく地位
① 法第44条の規定
　法第44条にいう「許可に基づく地位」とは、許可を受けたことによって発生する権利と義務の総体をいい、次のようなものが含まれる。

- a　適法に開発行為又は法第43条第1項の建築等を行うことができる権能
- b　公共施設の管理者等との協議によって定められている公共施設の設置、変更の権能
- c　公共施設の用に供する土地の取得に要する費用の全部又は一部の負担を求めることができる権能
- d　開発行為に関する工事完了の届出義務及び工事廃止の届出義務

　なお、本条の規定は、開発許可権者と一般承継人との関係を規定したものであり、民事上の関係については関知するところでない。
　したがって、工事の実施につき土地所有者等との関係において同意を得て適法に実施することができるという地位権能の承継は民法の一般原則によることとなる。
　また、一般承継人とは、相続人のほか、合併後存続する法人（吸収合併の場合）又は合併により新たに設立された法人（新設合併の場合）を指す。

② 法第45条の規定
　開発許可は特定の者に対して行われるものであり、許可を受けた地位は一身専属的な性格をもつ地位であり、法第44条の一般承継人を除いては、土地の所有権その他開発行為に関する工事を施行するための権原を取得した者といえども、開発行為を行うためには、本来あらためて許可を受けるべきものである。
　しかし、このような権原の譲渡に伴って当初の開発行為を引き継いで行う場合がかなりあると考えられるので、事務簡素化の見地から、許可に代えて

都道府県知事の承認をもって足りることとしたのである。

なお、この承認がないと開発許可に基づく地位の承継の効力は発生しないと解される。

③ 第34条第13号に該当する場合の承継

法第34条第13号の届出に基づく開発許可については、市街化調整区域となった際、自己用の目的で土地等を取得していた者の地位を尊重し、一定期間内に届け出た上で許可を受けた者が一定期間内に開発行為を行う場合に限り、その地位を保護するために経過的に許可することとしたものであり、一身専属的な性格を強く有していたと考えられる。したがって、これについては法第45条の承認を行うことはできない。

④ 法第43条第1項の許可に基づく地位の承継

法第45条において法第43条第1項の許可に基づく地位の承継について規定がないのは、建築行為又は用途の変更の途中で第三者に所有権等が譲渡されることはあまりないと考えられ、また、法第43条第1項の許可を受けるための申請手続は開発許可を受けるための手続に比べて簡便であるので、とくに許可を代えて承認をもって足りることとする必要性が認められないからである。したがって建築行為又は用途の変更の途中で法第43条第1項の許可を受けた者から当該区域内の土地の所有権その他の権原を取得した者は、新たに同項の許可を受ける必要がある。

(17) 開発登録簿

都市計画法では、開発行為（☞法29条）、それに関連する建築行為等（☞法37条、41条、42条）、用途変更（☞法42条）を規制することとしているが、このためには第三者が土地の取引に際し不測の損害を被ることのないようにその保護を図るとともに、建築基準法による確認に際して、開発許可等の効果を確保するためには、建築主事が常時容易に、かつ、正確にその内容を知り得るようにする必要がある。このため、開発登録簿を作成することとしたの

である。

　開発登録簿は調書と規則第16条第4項により定めた土地利用計画図をもって組成される（☞規則36条）が、調書の様式については特段の定めはない。したがって、開発許可権者が適宜その様式を定めることとなる。

(18) 不服申立て
①　法第50条の規定の趣旨
　法第50条は、開発許可等の処分に関する不服申立てについての規定である。法第29条、第35条の2、第41条、第42条若しくは第43条の規定に基づく処分若しくはその不作為又はこれらの規定に違反した者に対する法第81条の監督処分についての審査請求については、特に第三者による公正な判断が必要であること、専門的な知識を必要とすること、迅速な処理を要すること等の趣旨から、専門的な機関である開発審査会を設けて処理すべきこととしたのである。

　したがって、不服のある者が開発審査会に対して審査請求をすることができるのは、これらの規定に基づく処分についての審査請求及び不作為についての審査請求に限られるのである。

　また、裁決期間を2か月以内と定めたのは、当事者の権利を保護するためには、可及的速やかに裁決を行う必要があり、特に確定期限を設けることが適当であると考えられるので、他の類似の例、合議機関による裁決であること等開発行為の審査の特殊性を考慮し2か月と定めたものである。

　また、開発行為に関する開発審査会の審理は一般住民にとっても密接な利害関係を有するものであり、また、財産権に重大な制約を課するものであるので、その公正を確保することができるよう、公開による口頭審理を行うこととしたのである。

②　法第51条の規定の趣旨
　鉱業等との調整に関する事項を理由とする不服審査について規定したものである。

法第51条第1項の規定による処分に関し、鉱業等との調整に関する事項を理由として行われる不服申立てについては、その理由の当否の判断については、これら鉱業等に関する調整の専門機関である公害等調整委員会が行うことが適当であると考えられるので、同委員会に対して裁定の申請をすることができるものとしたのである。

　具体的な事例としては、例えば市街化調整区域内において鉱業者から法第34条第2号に該当するとして開発行為の許可の申請があった場合において、鉱物資源の有効な利用のためにはその必要がないとして不許可処分をしたときに、当該鉱業を営むために必要不可欠であるとして不服申立てを行う場合等がこれに該当する。

　なおこのような不服申立てについては、公害等調整委員会に裁定の申請をすべきであって、行政不服審査法に基づく審査請求をすることができない（☞行政不服審査法4条）。

2　田園住居地域内における建築等の規制

(1)　法第52条に定める建築等の制限

　田園住居地域は、農地と低層住宅とが一体となって良好な住環境を形成している地域を都市計画規制により実現を図るべき市街地像としてとらえる用途地域である。建築基準法による建築物の用途・形態規制が課される一方、これらの規制のみによっては建築物の建築行為を伴わない土地の形質変更等を制限できないため、農地が無秩序に開発される事態を回避するよう、一定の合理的な土地利用コントロールが求められる。

　この点、都市計画法の開発許可制度（☞法29条）は、「主として建築物の建築又は特定工作物の建設の用に供する目的で行う土地の区画形質の変更」（☞法4条XII）である開発行為を対象としており、建築物の建築等を主たる目的としない開発や、一定の面積要件に該当しない小規模開発は規制対象とならないこと等から、農地を宅地以外の土地利用（駐車場、資材置き場など）に転換することが制限できず、農地の保全の観点からは開発許可制度のみで

は不十分であるため、新たな許可制度を設けたのである。

（2）建築等の規制の目的

　農地と低層住宅とが一体となって形成する良好な住環境を保護する観点から、農地の緑地機能等を有する非建付け地としての性格を維持するため、建築物の用途制限等によるコントロールに加え、本許可制度を設けたのである。

　田園住居地域内の農地について土地の形質の変更、建築物の建築等が行われた場合、

　　a　大規模な建付け地化による日照・通風阻害、排気ガス、土壌流出等の営農環境の悪化（周辺農地への影響）

　　b　一定規模の農地が集積することにより保たれてきた農業経営の効率化等への支障（周辺農地への影響）

　　c　周辺住民が享受する自然的景観、防災機能等の喪失（住宅側への影響）

等が惹起されるおそれがあり、特にa及びbについては、周辺の農地への影響を及ぼすため、これを契機として更なる農地の喪失を招くことが懸念される。このような事態を防ぐため、建築目的の開発行為に加え、農地を農地以外のものにする土地の形質の変更等をも許可制度によりコントロールすることにより、用途地域指定の前提となる市街地像を損なうような一定規模以上の土地利用変化を制限することとしたものである。

（3）許可制度の運用

①　300㎡未満の規模の開発に係る許可

　田園住居地域制度は、農地を都市の緑空間として評価し保全する観点から、農地における建築等について市町村長の許可制度を導入しているものであり、建築等の規模が農業の利便の増進や良好な住居の環境の保護を図る上で支障がないものとして政令で定める規模（300㎡）未満の場合は、許可しなければならないとされている。このため、当該許可の申請があった場合、

300㎡未満の開発であるか否かを判断基準として、許可の可否を判断することとなる。

ただし、300㎡未満の規模であっても、実際には、一体的な開発を分割して行う等、本許可制度の趣旨に反するような許可の申請であることも想定される。他の開発と一体的な開発に該当すると認められ、その面積の合計が300㎡以上の場合は、許可すべきではない。

なお、田園住居地域内の生産緑地地区の区域内における開発については、生産緑地法第8条第2項に掲げる農林漁業を営むために必要となる施設や農林漁業の安定的な継続に資する施設について、同条第1項に基づく許可により田園住居地域内の許可があったものとみなすこととされている（☞同条X）。

このため、生産緑地地区の区域内にあっては、300㎡以上の規模の開発であっても生産緑地法に基づき許可の可否を判断することとなる。

②　一体的な開発の判断

複数の開発が「一体的な開発」に該当するか否かを判断するにあたっては、
- 農地の一体性：「所有者が同一」、「地目が同一」、「位置関係が一定の幅で接している又は道等を挟んで向かい合っている」のすべてを満たす場合には、複数の筆で構成される農地を一体として取り扱うべき農地（以下「一体の農地」という）と判断し、その区域の中で行われる複数の開発を一体的な開発とみなす
- 開発行為の一体性：農地の「所有者」、「地目」、「位置関係」に関わらず、開発行為相互に関連性が認められる場合は、一体的な開発とみなす

ことが考えられる。

このため、例えば、
- 一体の農地の中で行われる、申請時期が同時または近接する複数の開発
- 一方に商業施設等の建築物を、もう一方にその施設用の駐車場のような

関連施設を整備するなど、関連性が認められる開発
・ 宅地分譲のため、同一主体が同一目的で開発するなど、関連性が認められる開発

であって、その面積の合計が300㎡以上となる場合は、本許可制度の趣旨に反する一体的な開発に該当すると考えられる。

③ 複数の開発を一体的な開発とみなして規制する場合の留意事項

田園住居地域内の農地に適用される固定資産税等の減価補正は、300㎡を超える部分が対象となっている。これは、田園住居地域内の農地が、都市計画上300㎡以上の規模の開発等が制限されることに着目したものである。このため、一体の農地の中で行われる複数の開発を一体的な開発とみなして規制する場合には、課税とのバランスを考慮する必要がある。

農地の一体性を有する複数の筆の農地を「一体の農地」として取り扱い、規制をかける際には、田園住居地域の指定から、開発による農地の地目変換が行われるまでの期間において、その規制を考慮した固定資産税等の課税が行われることに留意する必要がある。このため、田園住居地域の指定時点で、「一体の農地」として取り扱う単位を確定しておく必要がある。

3 市街地開発事業等予定区域の区域内における建築等の規制

(1) 法第52条の2に定める建築等の制限

予定区域の対象となる面的な開発事業については、予定区域に関する都市計画が定められると、それから最長5年以内に施行予定者は都市計画事業の認可又は承認の申請をしなければならないこととして（☞法12条の2Ⅳ、60条の2Ⅰ）、5年以内に事業に着手することを法律上義務づけ、予定区域に関する都市計画をいわば事業段階に準ずる段階であると位置づけて、買取請求権（☞法52条の4）等必要な措置を講じたうえで、事業制限（☞法65条）に準じた制限を設けたのである。

すなわち、通常の管理行為、非常災害のための必要な応急措置として行う行為等を除いて、予定区域内における土地の形質の変更、建築物の建築その他工作物の建設について法第65条のいわゆる事業制限に準じて、すべて許可にかからしめている。

ここでいう工作物とは、都市計画法上の定義はないが、一般に、人為的な労作を加えることによって、通常、土地に固定して設備されたものをいう。建築物は工作物の代表的なものであるが、その他井戸、橋、堤防、トンネル、電柱、記念碑などもこれに含まれる。

① 法第53条の2第3項の趣旨

予定区域に係る市街地開発事業又は都市施設に関する都市計画が定められると、施行予定者が定められている都市計画として法第57条の3の規定に基づき予定区域と同様の行為制限が働くこととなっている。また、予定区域に係る市街地開発事業又は都市施設に関する都市計画が定められても、予定区域に関する都市計画は、ただちに失効するものではなく、なお10日間はその効力を有する（☞法12条の2Ⅴ）。そこで、その間における二重の制限を防止するために法第52条の2第3項の規定を設けている。

② 法第52条の2の行為制限と第53条・第65条の行為制限との関係

差異を表示すると次表のようになる。

事項		都市計画法52条の2	都市計画法53条	都市計画法65条
許可権者		都道府県知事等	都道府県知事等	都道府県知事等（知事は、あらかじめ施行者の意見をきかなければならない。）
対象	区域	市街地開発事業等予定区域に関する都市計画において定められた区域内の土地（法57条の3による	都市計画施設の区域又は市街地開発事業の施行区域内の土地	都市計画事業の認可又は承認を受けた土地（同趣旨の規定…土地区画整理法76条、都市再開発法66

3 市街地開発事業等予定区域の区域内における建築等の規制

		本条の準用により、施行予定者が定められている都市計画施設の区域及び市街地開発事業の施行区域内の土地についても対象となる）		条）
	行為	(1) 土地の形質の変更 (2) 建築物の建築その他工作物の建設	建築物の建築	(1) 土地の形質の変更 (2) 建築物の建築その他工作物の建設 (3) 重量が5tを超える物件の設置又は堆積
許可不要の行為		(1) 通常の管理行為、軽易な行為その他の行為で次に掲げるもの ① 工作物（建築物以外の工作物をいう。以下同じ。）で仮設のものの建設 ② 法令又はこれに基づく処分による義務の履行として行う工作物の建設又は土地の形質の変更 ③ 既存の建築物の敷地内において行う車庫、物置その他これらに類する附属建築物（階数が2以下で、かつ、地階を有しない木造のものに限る。）の建築又	(1) 階数が2以下で、かつ、地階を有しない木造の建築物の改築又は移転 (2) 非常災害のため必要な応急措置として行う行為 (3) 都市計画事業の施行として行う行為 (4) 国、都道府県若しくは市町村又は当該都市計画施設を管理することとなる者が当該都市施設又は市街地開発事業に関する都市計画に適合して行う行為 (5) 立体道路一体建物の建築又は立体道路管理者が行う建築物の建築 なお、次に掲げる	(1) 都市計画事業の施行の障害となるおそれがない土地の形質の変更又は建築物の建築その他工作物の建設 (2) 容易に分割され、分割された各部分の重量がそれぞれ5t以下となる物件の設置又は堆積

第4章 都市計画制限等

	は既存の建築物の敷地内において行う当該建築物に附属する工作物の建設 ④ 現に農林漁業を営む者が農林漁業を営むために行う土地の形質の変更 ⑤ 既存の建築物又は工作物の管理のために必要な土地の形質の変更 (2) 非常災害のため必要な応急措置として行う行為 (3) 都市計画事業の施行として行う行為 (4) 国、都道府県若しくは市町村（都の特別区を含む）又は当該都市施設を管理することとなる者が都市施設（一団地の住宅施設、一団地の官公庁施設、流通業務団地を除く）に関する都市計画に適合して行う行為	行為については許可をしなければならない（ただし、法55条の事業予定地内における行為を除く）。 (1) 都市計画施設又は市街地開発事業に関する都市計画に適合して行う行為 (2) 次に掲げる要件に該当し、かつ容易に移転し、若しくは除却することができる行為 ① 階数が2以下で、かつ、地階を有しないこと。 ② 主要構造部（建築基準法2条5号に定める主要構造部をいう）が木造、鉄骨造、コンクリートブロック造その他これらに類する構造であること。	
国が行う行為の場合	当該国の機関と都道府県知事との協議が成立すれば許可があったものとみなされる。	同　　左	同　　左
その他	市街地開発事業等予	都市計画事業の認可	

3　市街地開発事業等予定区域の区域内における建築等の規制

定区域に係る市街地開発事業又は都市施設に関する都市計画についての告示があった後は、当該告示に係る土地の区域内においては、法57条の3による本条の準用により、許可が必要	等の告示があった後は、当該告示に係る土地の区域内においては、本条の許可は不要

（2）土地建物等の先買い等

　法第52条の3は、予定区域内で将来行われることとなる都市計画事業の施行の円滑化を図るため、区域内の土地建物等が有償譲渡される場合に、譲受人に先んじて施行予定者が買い取ることができることとして、区域内の土地建物等の投機的取引をできる限り事前に防止するとともに、用地を先行的に取得することを目的とするものである。

　また、法第57条と比べて本条の先買いが建物つきの土地の有償譲渡についても対象としているのは、予定区域に関する都市計画が定められると、最長5年以内に都市計画事業の認可又は承認の申請が義務づけられており、予定区域の区域内は、いわば事業地に準ずるということで、本条の先買い制度を法第67条の先買い制度に準じたものとしたからである。

（3）土地の買取請求

①　法第52条の4の規定の趣旨

　予定区域に関する都市計画が定められると最長5年以内に都市計画事業の認可又は承認の申請をすべきこととされていることから、予定区域の区域内においては単に建築物の建築のみならず工作物の建設や土地の形質の変更についても許可を要することとされており、いわば都市計画事業の事業地内における行為制限に準ずる行為制限が設けられているので、法第68条と同様の趣旨で、予定区域内の土地の所有者に対し、施行予定者に対する買取請求を

与えたのである。

② 買取請求の性格

法第52条の４の規定により土地の買取請求があった場合、施行予定者は、第１項ただし書に該当する場合を除き、その請求を拒否することができないと解される。この場合、買い取るべき土地の価格については施行予定者と土地所有者とが協議して定めるべきものとし、協議が不調の場合には当事者のいずれかが収用委員会に裁決を申請して収用委員会が定めるものとされているので、土地所有者の買取請求は、当該土地について売買契約が成立したのと同一の効果を生ずることになる。

（４）損失の補償
① 法第52条の５の規定の趣旨

予定区域の区域内においては、建築物の建築のみならず、工作物の建設及び土地の形質の変更をも制限しており、いわば法第65条の事業制限並みの制限を課していることに関連して、土地所有者及び関係人の損失を救済するための制度を設けたのである。

② 損失補償の対象となる損失の範囲

損失補償の対象となる損失は、土地利用の制限に伴う損失であり、通常生ずべき損失のみならず、特別の原因による損失であっても、補償義務者が当該特別の原因を予見し、又は予見し得べき場合には補償の対象となる。

③ 関係人の範囲

土地収用法第８条第３項に規定する関係人の範囲と同じである。

4 都市計画施設等の区域内における建築の規制

都市計画施設の区域又は市街地開発事業の施行区域内において建築物の建築をしようとする者は、軽易な行為や、非常災害のため必要な応急措置とし

て行う行為、都市計画事業の施行として行う行為等を除き、都道府県知事等の許可を受けなくてはならないものとされている（☞法53条）。

（1）建築の許可
① 都市計画施設等の区域内で建築制限を行う趣旨

　法第53条の規定による建築物の建築の制限は、都市計画として決定される計画について、将来の事業の円滑な施行を確保するため行われるものである。したがって、当該事業の施行に相当するもの、あるいは小規模なもの、非常災害のため必要な応急措置として行うものなどについてはこれらの制限を行うことは必要でなく、あるいは適当でないので、許可が不要とされている。また、建築物の建築に限って許可制としたのは、建築物以外の工作物は一般的には移転又は除却が容易であるから、制限することは必ずしも適当でないと考えられたからである。

　この建築制限は他の制限と同じように都市計画の目的を実現するために必要な限度において住民の権利を制限するものであるから、許可の際具体的に行為の適否を判断するにあたっては、事業施行についての長期的な見通しを勘案すべきである。特に、この許可について、条件を付することがあるのでこの点が留意されるべきである。

　この制限は、都市計画事業のための制限（☞法65条）に比べると制限内容が弱い。旧法においては、公園、緑地、広場及び流通業務団地の区域と土地区画整理事業その他の事業について旧法第11条の２の規定により制限が行われ、また、道路については従前の建築基準法第44条第２項において同趣旨の規定があったが、法第53条はこれらを引き継ぎ、対象をすべての都市計画施設の区域及び市街地開発事業の施行区域に拡大したものである。

② 制限と正当な補償

　旧法当時からの都市計画法によるこの種の制限及び建築基準法による道路内（計画道路内を含む。）の建築制限については、当該土地の権利者が公共の福祉のために受忍すべき社会的拘束に基づくもので財産権に本来内在する制

約であり、それは関係法令に基づいて財産権に対し一般的に加えられた内在的制約で、特定の者の財産権の行使の自由に対する特別の制限ではないから、合憲であると同時に、憲法第29条第3項に基づく補償を要しないものと考えられている。

③ 事業施行までに長期を要する場合の取扱い

法第53条による制限が、財産権に内在する制約として、憲法上も許容されるものであることはすでに述べたとおりである。一方、都市計画は、長期的視点に立って定められるべきものであるから、計画決定から事業着手まで相当期間を要するのは、法の当然予定しているところである。

したがって、単に事業施行までに長期間を要するということのみをもって、法第54条の許可基準を緩和することは適当ではなく、極めて慎重に扱うべきである。

（2）許可の基準
① 法第54条に定める都市計画に適合する建築

都市計画に適合する建築とは、都市計画において予定されている建築物の用途、位置、形態等に合致した建築物を、都市計画の目的にしたがって建築することである。

したがって、都市計画法の手続により都市計画に定められた事項に矛盾しないことはもとより、都市計画の図書及びその参考図面等に記載された事項を十分参考としてその適合性が判断されなければならない。

この場合において、例えば道路等の都市施設については、事業を行う際には区域内の建築物等が撤去される必要があり、都市計画に適合する建築は、実態的にはほとんどあり得ないと考えられる。これに対して、一団地の住宅施設等の都市施設や、土地区画整理事業等の市街地開発事業については、事業の実施等により、将来的には、区域内に何らかの建築物が建築されるものであり、この点を考慮に入れて、都市計画に適合するか否かの実態的な判断を行う必要がある。

②　許可基準に該当する建築物

　法第54条は、許可申請に係る建築物が同条各号に掲げる要件に該当し、かつ、容易に移転し、又は除却することができるものであると認めるときに、その許可をしなければならないものとしている。

　したがって、本条各号の要件に該当する構造を有する建築物の建築であってもこの後段の要件に適合することが必要である。

　「容易に移転し、又は除却することができる」とは、物理的及び経済的に容易に移転し、又は除却することができる意味である。したがって、木造、鉄骨造、コンクリートブロック造等でも造り方いかんによっては移転又は除却が容易でない場合があり、また、数寄をこらした建築物などは、将来の移転又は除却が客観的に不経済で、また、その場合の補償費もかさむ場合があり、このような場合は、不許可としてさしつかえないものと解される。

③　許可基準に該当しない建築物

　法第54条に該当しない場合、たとえば3階建ての建築物の建築許可の申請があった場合については、何ら規定がない。

　すなわち、この場合は都道府県知事等の裁量に任せられているが、計画制限本来の趣旨から考えると慎重に取り扱うことが必要であると考えられる。

④　法第54条第2号の許可基準

　都市施設を整備する立体的な範囲を定めた場合で、法定の要件を満たす場合には、建築許可をしなければならないこととすることにより、都市計画施設の区域内における建築物の建築の許可制度をより一層適正に運用できるようにするものとして法第54条第2号の許可基準を定めている。

a　都市計画施設を整備する上で著しい支障を及ぼすおそれがないと認められる場合

　例えば、離隔距離の最小限度及び載荷重の最大限度を定めずに都市施設を整備する立体的な範囲を地下に定めた場合において、当該立体的範囲との離隔距離が十分に確保され、かつ載荷重が適当な建築物の

建築が行われる場合などを指す。
　b　空間について道路に係る立体的範囲を政令で定める場合に限定している理由
　　空間について道路に係る立体的範囲が定められている場合には、建築基準法第44条の道路内建築制限が課されるため、これとの整合を図る必要があるからである。

5　許可の基準の特例等

（1）都市計画制限を特定の場合に限って強化する趣旨
　都市計画事業が近い将来に行われる場合や、新市街地等を重点的、計画的に造成していくため用地の先行取得を必要とする場合等においては、法第54条の許可要件に該当する場合でも、建築を許可しないことが事業の迅速な施行を確保し、また短期間のうちに建築物を移転、除却すること等による国民経済上の損失を防ぐ上から合理的であると考えられるからである。この場合、都市計画施設については都道府県知事等が指定したものに限ったのに対し、用地の取得を前提とする市街地開発事業について一般的にこの制限を認めた趣旨は、市街地開発事業の施行区域では、極めて近い将来に事業が施行されること及び施行区域の面積が広いためなるべく早く用地取得ができるよう計画制限の強化を図る必要があるからである。

（2）土地の買取り
①　都道府県知事等が土地の買取りに応ずる場合
　買取りに応ずる義務があるのは、法第54条の許可基準に適合するにかかわらず、不許可とした場合である。買取りの申出ができるのは「土地の利用に著しい支障」をきたす場合であるが、不許可処分を受けた者が、その土地について社会通念上相当の土地利用をすることができないような場合をさすので、具体的に個々のケースに応じ判断すべきである。

②　買取り申出と形成権

法第56条による土地の所有者の買取りの申出は形成権ではない。すなわち、「その土地の利用に著しい支障をきたすこととなる」かどうかについては多少とも都道府県知事等（土地の買取りの申出の相手方として公告された者があるときは、②及び③において同じ。）の判断を要するのであって、客観的事実の発生が何人にも明瞭であって、すみやかに契約を成立せしめ得ることが一般でない限り、これを形成権とはしないのが相当であろう。しかし、本条において、買取りの申出を一種の請求権として構成しており、この請求権の行使に基づき、都道府県知事等に特別な事情がある場合を除き、買取りについての行政上の義務が生ずるものと解せられる。

③　買取価額の決定

　買収価額は「時価」によることとされているので、近傍類地の取引価額等を考慮して算定した相当な価額であって、必要な場合には不動産鑑定士その他の土地の鑑定評価について特別の知識経験を有し、かつ、公正な判断をすることができる者に評価を依頼し決定されたものが基準となる。
　しかし、「時価」についてどうしても両当事者間に意見の食い違いがあるときは、価額の裁決を収用委員会に申請する規定もなく（☞法68条の規定による場合は、この趣旨の規定がある。同条Ⅲ）、一方都道府県知事等の買取りの通知によって売買契約はすでに成立していると考えられるので、いずれかが契約を取り消すことも考えられるが、それ以外は最終的には訴訟によって適正な価額を争うほかない。
　また、法第56条にいう「特別な事情」とは抵当権の設定、各種の利用権の設定等権利関係が複雑かつ不明瞭であって、単に土地の所有者のみを相手方として交渉を進め得ない場合等のことである。

④　買い取らない旨の通知と建築制限

　「特別の事情」等によって買い取らない旨の通知をしたときは、法第55条第1項ただし書の規定により、買い取らない旨の通知があった土地における建築物の建築については、法第53条第1項の許可をしないことができなくな

る。

　しかし、いったん不許可処分のなされた建築物の建築については、一般的に法第53条の規定による許可が必要とされている以上、自動的に、買い取らない旨の通知があったことをもって、法第53条の許可があったものとみなして建築物の建築を行うことはできない。

　したがって、買い取らない旨の通知があった土地については、都道府県知事等に、直ちに不許可処分を撤回し、新たな許可処分を行うべき義務が生ずるものと解される。

（3）土地の先買い等
①　法第57条の先買制度の目的

　法第57条の先買制度が設けられたのは、市街化区域の整備及び開発のために定められた市街地開発事業又は都市計画施設の整備を円滑に遂行していくため、それらの区域内の土地が有償譲渡される場合に、都道府県知事等（法第57条第2項本文の規定による届出の相手方として公告された者があるときは、その者。）が第三者に先んじて買い取ることができるようにすることが必要であり、また、これによって土地の投機的取引をできる限り事前に防止することができるからである。

　なお、市街化調整区域内では、原則として開発行為が禁止されているから、土地が転々と流通することによる地価の上昇という事態が起こることも少ないと考えられるので、この制度は市街化区域内の土地に限定して働くものとされている。

②　第57条の2から第57条の6までの規定の趣旨

　施行予定者が定められている都市計画については、通常の都市計画制限、先買い等の規定（☞法53条から法57条まで）は適用せず、予定区域に関する都市計画の場合に適用されるものと同様の都市計画制限、先買い、買取請求権等に関する規定が適用されることを規定したものである。

　法第57条の2の「施行予定者が定められている都市計画」には、①予定区

域に関する都市計画を経て法第12条の３の規定により施行予定者を定めている市街地開発事業又は都市施設に関する都市計画と、②予定区域に関する都市計画を経ないで法第11条第５項又は法第12条第５項の規定により施行予定者を定めている市街地開発事業又は都市施設に関する都市計画の２通りがあるが、①の場合については、あらかじめ予定区域に関する都市計画を経てくる場合であるので、引き続き現状凍結的な厳しい都市計画制限等を適用するのは当然のことであり、②の場合については、公共施設の配置、宅地の利用計画等の細部にわたる事項が判明していて予定区域に関する都市計画を経る必要性がない場合であっても、都市計画の内容として細部にわたる事項のほか施行予定者をも定めることとし、近い将来における事業の円滑な施行が確保されるよう予定区域に関する都市計画の場合と同様の現状凍結的な厳しい都市計画制限等を適用する必要があるからである。

　なお、施行予定者が定められている都市計画施設又は市街地開発事業の区域内では、当該都市計画が定められてから２年以内に都市計画事業の認可又は承認の申請が行われない場合には、通常の都市計画制限等に関する規定（☞法53条から法57条まで）が働くこととなる（☞法57条の２但書）。

6　風致地区内における建築等の規制

①　風致地区内における規制基準

　風致地区内における建築行為、宅地造成及び木竹の伐採について許可基準に関する基本的な考え方は都市計画運用指針に示されている。

　〈参考：都市計画運用指針Ⅳ―２―１―Ⅱ）―Ｄ―16〉

②　条例での定義

　「建築物」「建築」など、都市計画法、建築基準法その他の法令において定義されている用語と同一の用語については、当該法令による定義であると解してよいが、これらと異なった定義に基づいて運用する場合には、条例において具体的に定義を明らかにすることが望ましいとされている。ただし、当

該定義に基づく運用が既に定着しており条例においてあらためて定義する必要がない場合には、この限りでないとされている。

〈参考：都市計画運用指針Ⅳ―2―1―Ⅱ）―D―16―4(1)〉

7 地区計画等の区域内における建築等の規制

(1) 建築等の届出等

① 地区計画の内容を担保する手段として届出・勧告制度の趣旨

地区計画は、当該地区について定められている他の都市計画を前提にして、さらに、地区レベルでの良好な居住環境を形成し、又は保持するための詳細な計画をいわば上乗せして定めるものであり、その内容の実現は、関係権利者にとっても身近な居住環境の向上という受益が大きいことから、その内容の実現を担保する基本的な仕組みとして、本条に定める届出・勧告制を採用し、他の都市計画制限における許可制等に比して強制的色彩の弱い仕組みを採用したものである。

② 届出を要する行為

法第12条の5第5項第1号に規定する施設の配置及び規模が定められている再開発等促進区又は地区整備計画の定められている区域内の次の行為については、市町村長への届出が必要である（☞法58条の2Ⅰ、令38条の4）。

a 土地の区画形質の変更
b 建築物の建築
c 工作物の建設

　　さらに、次の行為については、地区整備計画の内容に応じ、届出が必要となる。

(i) 建築物等の用途の変更……用途の制限又は用途別の建築物等に関する制限が定められている土地の区域に限る。

(ii) 建築物等の形態又は色彩その他の意匠の変更……建築物等の形態又は色彩その他の意匠の制限が定められている土地の区域に限る。

(iii) 木竹の伐採……樹林地、草地等の保全に関する制限が定められている土地の区域に限る。

③ 開発許可、建築確認との関係

法第29条の許可を要する行為については、本条の届出を不要とし、開発許可における審査の際、予定建築物の用途及び開発行為の設計が地区計画の内容に即しているか否かを審査することとされている。

また、地区計画の内容として定められたもののうち、建築物の敷地、構造、建築設備若しくは用途に関する事項又は建築基準法第88条第2項の工作物の用途に関する事項については、市町村の条例でこれらの制限として定めることができ（☞建築基準法68条の2）、地区計画で定められている内容のすべてが当該条例で定められている場合には、届出は要せず同法による建築確認の際に当該制限との適合性が判断される。

これらの関係を図示すると図のとおりである。開発許可又は建築確認において審査される事項には限定があり、これらの制度のみによって地区計画の内容のすべてが担保されるような行為（☞法58条の2Ⅰ⑤、令38条の7）以外

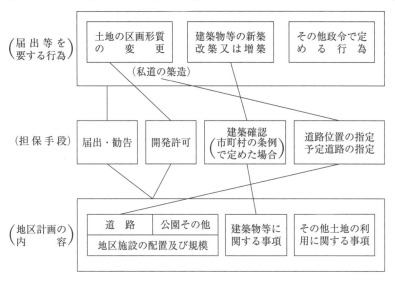

の行為については、開発許可又は建築確認を要する行為であっても本条による届出をする必要があることとなる。例えば、ある敷地について、樹林地、草地等の制限が定められている場合には、これらは、建築基準法の条例には定められないので、いかに当該敷地に係る建築物等に関する事項がすべて条例に定められていても、建築確認だけでなく届出も必要ということになる。したがって、これら担当部局間において相互に緊密な連絡調整を図っておくことが必要である。

④ 行為の届出義務を地区整備計画等が定められている場合に限った趣旨

地区計画については、名称、位置、区域等のほか、当該地区計画の目標、当該区域の整備、開発及び保全に関する方針並びに地区整備計画を定めるものとされているが、地区計画の区域の全部又は一部について地区整備計画を定めることができない特別の事情があるときは、当該区域の全部又は一部について地区整備計画を定めることを要しないものとされている。この地区整備計画が定められていない地区計画の区域においては、当該地域の整備、開発及び保全に関する方針が定められているにとどまり、土地の区画形質の変更、建築行為等が地区計画の内容に合致しているか否かを具体的に判断する基準とはならないことから、法第58条の2の届出の対象外とされている。

また、地区計画については、再開発等促進区を定めることができ、再開発等促進区を定める地区計画については、土地利用に関する基本方針並びに道路、公園等のいわゆる1号施設の配置及び規模を定めるものとしているが、1号施設の配置及び規模を定めることができない特別の事情があるときは、当該再開発等促進区について、1号施設の配置及び規模を定めることを要しないものとされている。この1号施設が定められていない再開発等促進区が定められている区域においては（地区整備計画も定められていない場合には）、当該区域の整備、開発及び保全の方針等が定められているにとどまり、法第58条の2の届出の対象外とされている。

地区計画制度は、このように、当該地域の整備、開発及び保全に関する方針等のみを定めて行政等の抽象的な指針として機能させる場合と、地区整備計画や１号施設の配置及び規模が定められている再開発等促進区も含めて定め、届出・勧告制等により具体的にその内容の実現を図っていく場合の２段階の仕組みとして構成されており、当該地区の住民等の意志の形成状況にあわせて幅広い運用を行うことが可能となっている。

⑤ 勧告事務の運用

法第58条の２に基づく勧告は、勧告に従わない場合の是正命令や代執行や罰則のような直接的な強制手段は持たず、また、国土利用計画法第26条のような公表制度も有しないが、地区計画の目的を実現するため市町村長が適切な内容で勧告を行い、地区計画の内容の実現と届出を行った者の目的ができるだけ相矛盾なく両立していくことが期待されるものである。

勧告事務の運用に当たっては、地域の実情、建築物の利用上の必要性等をも総合的に勘案して、過大な負担を課することとならないように配慮する必要がある。また、当該届出に係る行為が他の法令による許可等を要する場合には、これらの手続の進行状況にも留意し適切な時期に行うことが必要であり、特に、開発許可、建築確認担当部局との密接な連絡調整を図る必要がある。

（２）他の法律による建築等の規制

① 別に法律で定める制限

地区計画については、

　　a　建築基準法第68条の２の規定による市町村の条例に基づく制限
　　b　同法第68条の６の規定による道路位置の指定の特例により指定された道路又は同法第68条の７の規定により指定された道路の区域内における建築制限（☞建築基準法44条）

があり、防災街区整備地区計画、歴史的風致維持向上地区計画、沿道地区計画及び集落地区計画については、前記ａ及びｂのほかに、地区計画の区域内

における法第58条の2の規定による届出・勧告制に代わるものとして、
- c 密集市街地における防災街区の整備の促進に関する法律第33条の規定による届出・勧告制度
- d 地域における歴史的風致の維持及び向上に関する法律第33条の規定による届出・勧告制度
- e 幹線道路の沿道の整備に関する法律第10条の規定による届出・勧告制度
- f 集落地域整備法第6条の規定による届出・勧告制度

② 防災街区整備地区計画の区域内の行為の届出・勧告制度

防災街区整備地区計画の区域内の届出・勧告制度については、密集市街地における防災街区の整備の促進に関する法律第33条に規定されているが、地区計画の場合と比べて以下の点において異なっている。

- a 防災街区整備地区計画の区域内の行為の届出については、地区防災施設の区域（特定地区防災施設が定められている場合にあっては当該特定地区防災施設の区域及び特定建築物地区整備計画の区域）及び防災街区整備地区整備計画の区域について、その義務が課せられている。

  このうち、地区防災施設が定められた場合については、その決定された区域についてのみ具体的かつ即地的な内容を伴って地区の整備の方向が明らかとなるため、防災街区整備地区整備計画が定められていない段階でも、当該地区防災施設の区域に限って届出義務を課すこととしているものである。

- b 防災街区整備地区計画の区域内の行為の届出義務が適用除外される行為として、防災街区整備権利移転等促進計画の定めるところによって設定等がされた権利に係る土地において当該防災街区整備権利移転等促進計画に定められた土地の区画形質の変更、建築物の新築等の行為が掲げられている（☞密集市街地における防災街区の整備の促進に関する法律33条Ⅰ⑥）。

c 防災街区整備地区計画の区域内の行為の届出に関し市町村長が勧告を行った場合において、火事又は地震が発生した場合の当該防災街区整備地区計画の区域における延焼により生ずる被害の軽減又は避難上必要な機能の確保に資するため必要があると認めるときは、適切な措置を講ずることについて助言又は指導をするものとされており、地区計画の場合に比べて計画内容の実現について市町村長のより積極的な関与を予定している（☞密集市街地における防災街区の整備の促進に関する法律33条Ⅲ）。

③ 歴史的風致維持向上地区計画の区域内の行為の届出・勧告制度

歴史的風致維持向上地区計画の区域内における行為の届出・勧告制度については、基本的には地区計画の区域内における行為規制と同様である。

歴史的風致維持向上地区計画は、当該地区計画の区域内の行為の届出に関し市町村長が勧告を行った場合において、地域における歴史的風致の維持及び向上を図るために必要があると認められるときには、当該地区計画に定められた事項等に関して、適切な措置を講ずることについて助言又は指導をするものとされている点において地区計画と異なっており、地区計画に比べて計画内容の実現に関する市町村長のより積極的な関与を予定している（☞地域における歴史的風致の維持及び向上に関する法律33条Ⅲ）。

④ 沿道地区計画の区域内の行為の届出・勧告制度

沿道地区計画の区域内の届出・勧告制度については、幹線道路の沿道の整備に関する法律第10条に規定されており、届出制度は基本的には地区計画の場合と同様であるが、以下の点において異なっている。

a 沿道地区計画の区域内の行為の届出義務が適用除外される行為として、沿道整備権利移転等促進計画の定めるところによって設定等がされた権利に係る土地において当該沿道整備権利移転等促進計画に定められた土地の区画形質の変更、建築物の新築等の行為が掲げられてい

る（幹線道路の沿道の整備に関する法律10条Ⅰ⑥）。

b 沿道地区計画の区域内の行為の届出に関し市町村長が勧告を行った場合において、道路交通騒音により生ずる障害の防止又は軽減を図るため必要があると認めるときは、適切な措置を講ずることについて助言又は指導をするものとされており、地区計画の場合に比べて計画内容の実現について市町村長のより積極的な関与を予定している（幹線道路の沿道の整備に関する法律10条Ⅲ）。

⑤ 集落地区計画の区域内の届出・勧告制度

集落地区計画の区域内における届出・勧告制度も、基本的には地区計画の区域内における行為規制と同様である。なお、集落地区計画の区域内における開発許可の基準については、予定建築物の用途又は開発行為の設計が当該集落地区計画に定められた内容に即したものでなければ許可できないこととされているが、その一方で、市街化調整区域の立地基準の特例が設けられ、市街化調整区域における集落地区計画の区域内にあっては、当該集落地区計画に定められた内容に適合する開発行為は許可できることとされ、許可基準の緩和が行われている（☞法34条Ⅹ）。

8 遊休土地転換利用促進地区内における土地利用に関する措置等

（1） 土地所有者等の責務

① 法第58条の4第1項の規定により行う具体的事項

遊休土地転換利用促進地区内の土地について、円滑に有効利用を促進するためには、地方公共団体等が相応の支援をし、また、最終的には自ら土地に関する権利を取得して事業に乗り出すことを否定するものではないが、まず、現に遊休土地について権利を有する者が、その有効利用の重要性を自覚して、自発的に有効利用のために必要な措置を講ずることが必要である。このため、第58条の4第1項において、遊休土地の所有者や使用収益権者について、能動的な努力義務として、有効かつ適切な利用を図ること等により当

該都市計画の目的を達成すべき旨の責務があることを明らかにしたものである。

このような有効利用の責務を負う者は、遊休土地転換利用促進地区内の土地について、所有権又は地上権、使用借権、賃借権等の使用収益権を有する者である。

また、具体的に遊休土地転換利用促進地区内の土地の所有者等が講ずべき内容としては、

　a　自ら有効かつ適切な利用を実現すること。
　b　有効かつ適切な利用を図ると考えられる第三者に対し、権利を処分し、又は使用収益権を設定すること。
　c　既存の使用収益権の内容を有効かつ適切な利用の実現に資するよう変更すること。

が考えられる。

②　法第58条の4第2項の規定による指導、助言の内容

法第58条の4第1項の規定により、遊休土地転換利用促進地区内の土地の所有者等は、有効かつ適切な利用を図ること等により、当該都市計画の目的を達成すべき努力義務を負うことになるが、所有者等に自ら利用する能力が不足している場合等にあっては、能動的な責務を課していることとの均衡上、行政側が支援することが必要である。

また、遊休土地転換利用促進地区は都市機能に相応の影響を与えうる規模と位置において定められるものであるため、当該区域内の土地については、行政側が都市計画上当該区域の特性にふさわしい用途・形態で利用されるよう誘導することも必要であると考えられる。

このため、市町村が遊休土地転換利用促進地区の区域内の土地所有者等に対し、積極的に指導及び助言を行うこととしたものであり、市町村は、当該遊休土地が都市計画上当該区域の特性にふさわしく利用されるよう留意しつつ、遊休土地の所有者等がその有効利用に関し自主的な判断を行う場合に参

第4章　都市計画制限等

考となるすべての知識・情報を指導及び助言することとなる。具体的には、次のような事項が考えられる。

　a　一般的な都市づくりに関する知識（都市計画・建築規制、土地税制、借地・借家に関する法制、土地取引規制等の概要の教示）

　b　当該市町村及びその区域の周辺地域の整備、発展の方向（当該市町村の総合計画、公的な開発プロジェクト又は施設の整備計画の提供等）

　c　当該土地に関する適切な利用方法（当該土地に係る都市計画・建築規制の内容、建築可能な建築物の内容、市町村が最も有効かつ適切と判断する利用方法の提案等）

　d　当該土地に関する権利の処分に関する事項（住宅の建設、公園・広場等の公共施設又は学校等の公益的施設の整備を行うための用地として、当該土地の取得を希望している公的主体の紹介等）

（2）都市計画決定から2年経過後に遊休土地の通知をする理由

　遊休土地である旨の通知が行われると、自動的に計画の届出、勧告へとつながり、勧告に従わないときは、行政が買い取って自ら有効利用を実現することになる。このように、通知は一連の強力な措置を講ずるための導入手段として行われるものであるので、可能な限り土地所有者等の自主性を尊重してその有効利用を図るという遊休土地転換利用促進地区の趣旨にかんがみれば、事前にソフトな利用促進措置を十分に講じたにもかかわらず低・未利用の状態になっているときにおいてのみ行われるべきものといえる。このため、都市計画決定後一定期間はいわば猶予期間として遊休土地である旨を通知しないこととするものである。

　このような観点から、都市計画決定後通知しない期間として、

　a　同様に能動的な責務を課している都市計画である土地区画整理促進区域及び住宅街区整備促進区域においても、その促進区域の都市計画決定後2年以内に事業の開発許可が行われていない場合に、市町村が事業を実施するとされていること。

b　あまり長期間にわたってソフトな利用促進手段を講じても、必ずしもその期間に応じた効果を期待できないと考えられること。

から、2年としたものである。

(3) 市町村長に届け出なければならない利用又は処分に関する計画

　遊休土地の利用又は処分に関する計画とは、自ら積極的に事業の用に供し、又は他に譲渡する場合その他広く土地の使用、収益又は処分等に関する計画である。自ら利用する計画がある場合には、主要用途、おおむねの建築面積・延べ面積（建築物の建築に関する計画である場合）、土地の整備の程度、利用に着手する予定時期等の記載が可能であると考えられる。

　しかしながら、虚偽の届出に対して罰則が働く関係上、当面どのように利用するかはっきりしていない場合には、届け出る時点において確定している程度で利用の計画を届け出ればよく、利用の予定がまったくない場合には、現況のまま利用するという旨を届け出ることとなる。また、買い手を探しているか、又は売却の予定が決まっているような場合には、処分の相手方、処分予定時期等の処分計画を届け出ることとなる。さらに、使用収益権が設定されており、引き続き、当該使用収益権を継続させることとしている場合の所有者は、その旨、使用収益権の内容等を届け出ることとなる。

　計画の届出書の様式は、都市計画法施行規則の別記様式第11の5（☞規則43条の13関係）に掲げられている。

(4) 市町村長が勧告する計画

　市町村長は、「届出に係る計画に従って当該遊休土地を利用し、又は処分することが当該土地の有効かつ適切な利用の促進を図る上で支障があると認めるとき」に、勧告することとされている。この場合、「計画に従って利用する」とは、届け出られた計画に示されている用途、事業内容等による利用を計画で示した時期までに開始することをいう。また、「計画に従って処分する」とは、計画で示された時期までに、計画で示されたとおりに、土地等

の譲渡を行い、又は使用収益権の設定を行うことをいう。

さらに、「当該土地の有効かつ適切な利用の促進を図る上で支障がある」とは、届出に係る計画に従って遊休土地を利用し、又は処分することが、その土地及びその周辺の地域における計画的な土地利用の増進を図る観点からみて、その土地の有効かつ適切な利用を進める上で支障があることをいう。

具体的に勧告の対象となる利用又は処分に関する計画とは、例えば、

　　a　都市計画上の規制内容に適合しない利用をする旨の計画
　　b　10年後に処分する旨の計画
　　c　このままの状態で保有し続ける旨の計画

などが考えられる。

（5）被勧告者の報告

勧告に従わないことが買取り協議に関する規定を適用するための要件となっているため、市町村長は、勧告をした場合においては、その勧告を受けた者が勧告に従って計画の変更等を行ったかどうかを把握する必要がある。このため、その勧告に基づいて講じた措置について報告をさせることとしたものである。

また、この報告は、買取り協議に関する規定の適用の要否を判断するためのものであり、虚偽の報告や無報告を排除する必要性が高いので、罰則（☞30万円以下の罰金。法92条の2）により、担保することとしている。

（6）買取りの強制力

法第58条の9第2項において、買取りの協議を行う者として定められた地方公共団体等は、通知があった日の翌日から起算して6週間を経過する日までの間に限り、買取りの協議を行うことができ、通知を受けた者は、正当な理由がなければ協議を行うことを拒んではならない。

この買取りの協議は、民法上の契約を締結するための交渉であり、公権力又は強制力を背景とした公法上の行為ではない。

すなわち、法第57条等による土地の先買い制度がいわゆる先買形成権とし

て構成され、買い取る旨の通知によって売買が成立したとみなされるのとは異なり、公有地の拡大の推進に関する法律第6条による先買制度と同様、他に優先して地方公共団体等が土地所有者と交渉する地位を確保するにとどまるものである。したがって、価格を含めて売買はあくまで当事者間の合意によって成立するものである。

　また、「買取りの協議を拒んではならない」とは、買取りのための協議に応じ、相当程度までつめた交渉を行うことを意味している。

(7) 買取り価格

　遊休土地の買取りの協議に基づき、土地に関する権利を買い取る場合の価格は、地価対策上及び財政運営上の観点から、公示価格を規準とすることとしたものである。公示価格は、自然的及び社会的条件からみて類似の利用価値を有すると認められる地域において、土地の利用状況、環境等が通常と認められる一団の土地についての一定の基準日における正常な価格であり、地価公示法において公共事業の用に供するため土地を取得する場合や公有地の拡大の推進に関する法律において買取りの協議によって土地を買い取る場合にも公示価格を規準としなければならないとされていることからしても、遊休土地の買取りを行う最も適切な価格であるといえる。

　なお、都市計画法の規定（☞法52条の4、56条等）によって土地を買い取る場合には、時価で買い取ることとされているが、これらは、土地所有者に厳しい権利制限が課されていることに対する救済的意味合いを持つ規定である。一方、今回の遊休土地の買取りの協議は、さまざまな利用促進措置を講じたにもかかわらず有効利用されない土地に対してなされるものであり、両者の間には性格上の違いがある。

第5章

都市計画事業

1 都市計画事業の認可等

(1) 都市計画事業の施行者の種類

都市計画事業の施行者及び都市計画事業を施行する場合の手続は、次の表のとおりである。

施 行 者	施 行 す る 場 合	必 要 な 手 続
1　市町村（1項）	（原則）	都道府県知事（第1号法定受託事務として施行する場合は国土交通大臣）の認可
2　都道府県（2項）	(1) 市町村が施行することが困難又は不適当な場合 (2) その他特別な事情がある場合	国土交通大臣の認可
3　国の機関（3項）	国の利害に重大な関係を有する場合	国土交通大臣の承認
4　国の機関、都道府県及び市町村以外の者（4項）	(1) 事業の施行に関して行政機関の免許、許可、認可等の処分を必要とする場合においてこれらの処分を受けている場合 (2) その他特別な事情がある場合	関係地方公共団体の長の意見を聞いて行う都道府県知事の認可

(2) 国の機関

「国の機関」は、国の行政機関を指すが、次に掲げる機構等については、それぞれの機構法施行令等により国の機関とみなされる。

①独立行政法人鉄道建設・運輸施設整備機構、②独立行政法人水資源機構、③国立大学法人及び大学共同利用機関法人、④独立行政法人国立高等専門学校機構、⑤独立行政法人都市再生機構

(3) 特許事業者の認可の方針

国の機関、都道府県及び市町村以外の者（いわゆる特許事業施行者）について、都道府県知事が都市計画事業の認可を行う場合は、事業の認可があれば特許事業施行者といえども土地収用の権能が付与されることになるから、事

業の公益性及び内容、申請者の資力信用等について慎重かつ公正に審査すべきである。また、必要に応じ、法第79条の規定により都市計画上必要な条件を附することにより、当該事業の円滑かつ適正な執行を確保するよう努めるべきである。なお、「特別な事情」とは、当該事業を収用権を与えて民間法人等に行わせることについて、十分な公益性、必要性、社会的経済的実態、行政上の監督等が期待されること等をいうものと考えられる。

(4) 都市施設についての都市計画と都市計画事業の関係

都市計画として定められた都市施設については、すべてが都市計画事業により整備されなければならないものでなく、すでに事業に必要な土地を取得しているため新たに土地を収用する必要のないもの等については、都市計画事業として整備を行わないこともあり得る。なお、都市計画事業でなくても当該都市計画施設を管理することとなる者が当該都市計画に適合して行う行為については法第53条の建築に関する都市計画制限が働かないので、建築について許可を要しない（☞令37条の2）。

(5) 市街地開発事業と都市計画事業の関係

都市計画において施行区域が定められた市街地開発事業は、すべて都市計画事業として施行する必要がある（☞土地区画整理法3条の4、都市再開発法6条等）。この趣旨は、市街地開発事業が面積的に大規模であり、かつ、広範囲の権利者に対して影響を及ぼすものであるので、事業の公正を図るためにあらかじめ都市計画として定めた上で、さらに都市計画事業として行うことにしたものである。なお、個人又は土地区画整理組合等が施行する土地区画整理事業と市街地開発事業との関係については、法第4条関係〈市街地開発事業〉及び次の表参照。

1 都市計画事業の認可等

○市街地開発事業と都市計画事業との関係 整理表

事業	施行者	都市計画との関係	都市計画事業との関係	備考
土地区画整理事業	個人施行者、土地区画整理組合、区画整理会社、都道府県、市町村、国土交通大臣、都市再生機構、地方住宅供給公社	【都道府県、市町村、国土交通大臣、都市再生機構、地方住宅供給公社が施行者の場合】都市計画に定められた施行区域で施行	施行区域の土地については、都市計画事業として施行	【個人施行者、組合、会社の場合】都市計画決定は必ずしも要しない
新住宅市街地開発事業	地方公共団体、地方住宅供給公社	―	都市計画事業として施行	―
工業団地造成事業	地方公共団体	―	都市計画事業として施行	―
市街地再開発事業	個人施行者、市街地再開発組合、再開発会社、地方公共団体、都市再生機構、地方住宅供給公社	【市街地再開発組合、再開発会社、都市再生機構、地方住宅供給公社、地方公共団体の場合】都市計画に定められた施行区域で施行	市街地再開発等事業の施行区域内においては、都市計画事業として施行	【個人施行者の場合】都市計画決定は必ずしも要しない
新都市基盤整備事業	地方公共団体	―	都市計画事業として施行	―
住宅街区整備事業	個人施行者、住宅街区整備組合、都府県、市町村、都市再生機構、地方住宅供給公社	【都府県、市町村、都市再生機構、地方住宅供給公社が施行者の場合】都市計画に定められた施行区域で施行	施行区域内の土地については、都市計画事業として施行	【個人施行者、組合の場合】都市計画決定は必ずしも要しない
防災街区整備事業	個人施行者、防災街区整備事業組合、事業会社、地方公共団体、都市再生機構、地方住宅供給公社	―	【防災街区整備事業会社、地方公共団体、都市再生機構、地方住宅供給公社が施行者の場合】都市計画事業として施行	【個人施行者の場合】都市計画決定は必ずしも要しない

（6）都市計画事業の認可後の手続

　土地収用関係を除く手続は次図のようになる。なお、土地収用関係については都市計画法第69条関係〈都市計画事業に関する土地収用の手続〉P.263、264参照。

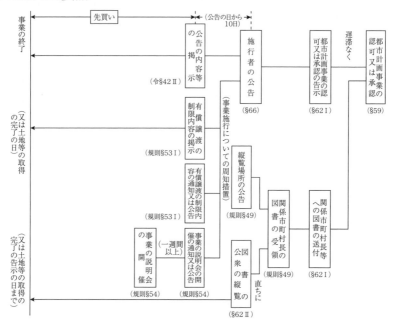

（7）第7項の趣旨

　施行予定者が都市計画に定められる場合には、法第60条の2第1項に規定する2年以内の都市計画事業の認可又は承認申請の義務を負う者をあらかじめ明らかにするとともに、この義務が行われることを担保する必要があるが、この規定は、このような担保を確実にするために、施行予定者が都市計画に定められている場合の都市計画事業の施行者は、施行予定者として定められている者に限られることとしたものである。

(8) 都市計画施設の区域外で事業を施行する場合

　都市計画事業は都市計画の内容に適合している必要がある（☞法61条）から、事業地は都市計画施設の区域の外にわたることはできない。したがって、設問のように都市計画を決定する段階では道路に関する都市計画の区域に含められていなかった道路の法、高架道路の橋脚等について、実際に事業地に含め事業を施行する必要が生じた場合には、当該区域について都市計画施設の区域に含まれることとなるように、都市計画の変更を行う必要がある。そして、その都市計画の変更を行った後（又は同時に）、都市計画事業の認可又は承認を受け、あるいは事業計画の変更の認可又は承認を受けて、事業を実施すべきである。

(9) 第60条の2の趣旨

　施行予定者が定められている都市計画に係る都市計画施設の区域及び市街地開発事業の施行区域内における都市計画制限は、都市計画事業の迅速かつ円滑な実施を図るため、法第65条のいわゆる事業制限に準じた厳しい現状凍結的な制限としており、それとの関係で、当該都市施設又は市街地開発事業に関する都市計画事業をできるだけ早期に実施する必要があるので、施行予定者には当該都市施設又は市街地開発事業に関する都市計画が定められてから2年以内に都市計画事業の認可又は承認の申請を義務づけているのである。この2年という期間については、都市計画事業の認可又は承認の申請に至るまでの実態的な経過を参考にするとともに、できるだけ期間を短くすべきであるという私権制限との関係から生じる要請をも勘案して定めたものである。

　次に、第2項の趣旨は、2年以内に都市計画事業の認可又は承認の申請がされない場合には、通常の都市計画制限が働くこととされているので（☞法57条の2）、住民に対していつから通常の都市計画制限に関する規定が働くのかを知らせる必要があることから、都市計画事業の認可又は承認がなかった旨の公告を行うことを国土交通大臣又は都道府県知事に義務づけているも

のである。

(10) 第60条の3の趣旨

　施行予定者が定められている都市計画施設の区域又は市街地開発事業の施行区域内においては、事業制限並みの都市計画制限を課していることから、土地所有者及び関係人の損失を救済する制度を設けたものであり、法第52条の5の損失補償の趣旨と同様である。したがって、補償の対象となる損失の範囲、関係人の範囲等の考え方についても同条の場合と同様である。

(11) 行政機関の免許、許可、認可等

　各都市計画施設の管理法等により、法第11条に掲げる都市施設について次表のような場合がある。

都市施設	根拠法	免許、許可等の種類	処分権者	処分を受ける者
都市高速道路	道路整備特別措置法3条、12条	認可又は許可	国土交通大臣	首都高速道路株式会社・阪神高速道路株式会社又は地方道路公社
都市高速鉄道	軌道法3条	特許	国土交通大臣	運輸事業を経営しようとする者
	鉄道事業法3条	許可	国土交通大臣	鉄道事業を経営しようとする者
自動車ターミナル	自動車ターミナル法3条	許可	国土交通大臣	自動車ターミナル事業を経営しようとする者
公園・緑地	都市公園法5条	許可	公園管理者（地方公共団体）	公園管理者以外の者
水道	水道法6条	認可	厚生労働大臣	水道事業を経営しようとする者
電気供給施設	電気事業法47条	工事計画の認可	経済産業大臣	電気事業者
ガス供給施設	ガス事業法68条	工事計画の届出	経済産業大臣	一般ガス導管事業者

下水道	下水道法4条	事業計画の協議又は届出	国土交通大臣	公共下水道管理者
学校	学校教育法4条	設置の認可	監督庁	学校を設置しようとする者
病院	医療法7条	開設の許可	都道府県知事	病院を開設しようとする者
保育所	児童福祉法35条	設置の認可又は届出	都道府県知事	保育所を設置しようとする者(市町村その他の者)
市場(中央卸売市場)	卸売市場法4条	認定	農林水産大臣	開設者
と畜場	と畜場法4条	設置の許可	都道府県知事	一般と畜場等を設置しようとする者
墓地・火葬場	墓地、埋葬等に関する法律10条	許可	都道府県知事	墓地、火葬場等を経営しようとする者

(12) 都市計画事業の認可等の効果

この告示が行われたことにより次のような効果が発生する。

 a 当該事業地内において、都市計画事業の施行の障害となるおそれがある土地の形質の変更、建築物の建築等について制限が働くこと(☞法65条)。

 b 都市計画事業の認可等の告示後すみやかに、一定の事項を公告するとともに、事業地内の土地建物等の有償譲渡について制限があることを、施行者が関係権利者に周知させるため必要な措置等を講じる義務が生じること(☞法66条)。また、法第66条の公告の日の翌日から起算して10日を経過した後は、事業地内の土地建物等について施行者に先買権が発生すること(☞法67条)。

 c 事業地内の土地の所有者(この告示とあわせて行われる収用の手続の保留の告示に係る土地の所有者に限る)は、施行者に対し、当該土地を時価で買い取るべきことを請求できること(☞法68条)。

 d 土地収用法第26条第1項の規定による事業の認定の告示とみなされ

ること（☞法70条）。なお、都市計画事業について土地収用法の規定が適用されることから土地収用法上の諸効果が発生する。法第71条関係〈都市計画事業の認可等の土地収用法上の効果〉P.265、266参照。

以上のほか、都市計画事業の認可等の告示により、当該事業が都市計画事業として施行されることになる効果として次のようなものがある。
（i）都市計画税を充当することができること（☞地方税法702条）。
（ii）事業によって著しく利益を受ける者があるときは受益者負担金を負担させることができること（☞法75条）。

(13) 現に施行中の都市計画事業の施行区域の拡大

　延長部分の施行者が既に施行中の都市計画道路事業等の施行者と同一であるならば、通常の場合は事業計画の変更の認可又は承認を受けることにより延長部分の事業を施行することができる。この場合、延長部分については、事業計画の変更の認可又は承認の告示をもって土地収用法第26条第1項の規定による事業の認定とみなされる。

　しかし、既に施行中の都市計画事業がほとんど終わり、しかも、延長部分が長区間にわたる場合などもすべて事業計画の変更として取り扱えば、最初に適切な事業施行期間として定められたものが実質上の意味を失ったり、最初の都市計画事業の認可等との関連が不明確になるおそれがあるので、このような実質的に新たな都市計画事業と考えられるものについては、別に新たな都市計画事業の認可等を受けるべきである。

(14) 施行者の変更

　法第59条第4項の認可を受けて国の機関、都道府県及び市町村以外の者が施行中の都市計画事業の施行者を変更しようとするときは、相続その他の一般承継による場合は当然に、また、一般承継以外の場合は都道府県知事の承認を受けて、法第59条第4項の認可に基づく地位を承継することができる（☞法64条Ⅰ）。この場合においては、この法律又はこの法律に基づく命令の規定により被承継人がした処分、手続その他の行為は、承継人がしたものと

みなし、被承継人に対してした処分、手続その他の行為は、承継人に対してしたものとみなされる（☞同条Ⅱ）。

次に、普通地方公共団体の合併が行われ、現に執行中の都市計画事業が他の普通地方公共団体又は新しく生れた普通地方公共団体が施行することとなる場合は、新たな普通地方公共団体が都市計画事業を承継し当然に都市計画事業を施行することができる（☞地方自治法施行令5条Ⅰ）。

しかし、以上の場合のほかは特に地位の承継の規定がなく、また、施行者の変更は法第63条の事業計画の変更としても取り扱うことはできない。したがって、現に執行中の都市計画事業について何らかの事情で施行者を変更しようとする場合は、現在の施行者が法第63条の規定に基づき事業計画の変更（事業施行期間の短縮）として国土交通大臣又は都道府県知事の認可又は承認を受け、その後に新しく施行者となるべき者が法第59条の規定による都市計画事業の認可又は承認の手続をとることになる。

なお、このような施行者の変更は、当該事業を廃止するものではないから、土地収用法第30条に規定する事業の廃止の手続は必要がないと解される。

(15) 都市計画事業の名称の変更

都市計画の再検討等により都市計画の名称が変更される場合は、法第21条及び令第14条の規定により、都市計画の軽易な変更として取り扱われることになる。例えば、都市計画区域の合併により、都市計画道路について同一の番号又は路線名が生じることから、都市計画道路の全体を整理して名称を変更する事例などがこれに当たるが、この場合は、都市計画の軽易な変更として、都市計画の案の縦覧等の手続を省略して変更手続を行うことになる。

このような都市計画の名称の変更に伴い、現に施行中の都市計画事業の名称が変更されることになるが、これをどう取り扱うかが問題となる。都市計画事業の名称は、法第60条第1項第4号及び規則第44条の規定により、都市計画事業の認可又は承認の申請書に記載されているが、第3号の事業計画の

ように変更手続の規定がなく、また、すでに都市計画の変更によりその内容について告示等が行われていることから、あらためて、都市計画事業の認可又は承認を受けなおすということは適当でなく、特に手続をとらなくても、都市計画の名称の変更に伴って、当然に都市計画事業の名称が変更されるものと解すべきであろう。

2 都市計画事業の施行

(1) 都市計画事業の施行の障害となるおそれがある

「都市計画事業の施行の障害となるおそれがある」とは、事業計画に照らして当該土地の形質の変更等が物理上及び経済上都市計画事業の施行の障害となるおそれがある場合をいう。法第53条の規定による建築の制限と異なり、事業の施行が差し迫った場合における制限であるから、土地の形質の変更等の法第65条に掲げる行為はおおむね事業の施行の障害となるおそれがあるものと考えられる。

都道府県知事等は、法第65条の許可の申請がなされた場合、当該行為が都市計画事業の施行の障害となるおそれがあるか否か、そのおそれがある場合にはさらにその障害となる程度に応じて許可すべきか否か、あるいは法第79条により許可に条件を附すべきか否か、附するとすれば、どのような条件を附すべきかを施行者の意見を聞いて決定することになる。

(2) 工作物の建築等についての許可があった場合の損失の補償

都市計画事業については土地収用法が適用され、都市計画事業の認可等の告示が事業の認定とみなされるから、本件については土地収用法第89条の規定が適用される。これによると、土地所有者又は関係人が都市計画事業の認可等の告示の後において、土地の形質を変更し、工作物を新築し、改築し、増築し、若しくは大修繕し、又は物件を附加増置したときは、あらかじめこれについて都道府県知事の承認を得た場合を除くほか、これに関する損失の補償を請求することができないとされ（☞土地収用法89条Ⅰ）、また、これら

の行為がもっぱら補償の増加のみを目的とすると認められるときは、都道府県知事は承認をしてはならないとされている（☞同条Ⅱ）。

なお、土地の形質の変更について、土地所有者等が法第65条第1項の規定による許可を受けたときは、その承認があったものとみなされる（☞法69条、73条による土地収用法28条の3、89条Ⅲ）。そのほかの場合は、法第65条第1項の規定による許可と土地収用法第89条の規定による承認とがそれぞれ必要であるが、実務上は両者を合わせて処理することが望ましい。この結果、同条第1項の都道府県知事の承認を得た場合は、当該事項について損失の補償を請求することができると解される。

（3）他の都道府県の区域内での都市計画事業における許可権者

法第65条の規定に基づく都道府県知事等の建築等の許可は、都市計画を決定した都道府県の知事に委ねたという性質のものではなく、市町村決定の都市計画を含めて都市計画事業制限を行う主体としての都道府県知事等が行うものである。したがって、許可に係る行為は行政区域によって区切られ、許可は当該行政区域を管轄する都道府県知事等が行うものとされる。

（4）許可基準

法第65条による許可は、法第53条の許可が一定の建築物については許可をしなければならないという覊束性を有するのに対し、自由裁量であると考えられ、許可基準は特に示されていない。しかし、法第65条による許可についての基本的な考え方は、事業の施行が具体的に確定し事業施行に障害となる行為を認めるべき必要性がないことからいって、むしろ本条は不許可とすることを予定しているものと解される。

ただし、施行者が事業施行の促進が図れないためいたずらに事業施行期間が長引いている場合で申請に係る行為が社会通念上妥当なものと認められるとき、申請に係る行為が現在の土地利用の維持管理的なものであってやむを得ないと認められるとき等には、許可をすることが妥当である。

（5） 第66条の趣旨

　法第66条は、都市計画事業の認可等の告示後は、建築等の制限（☞法65条）、先買い（☞法67条）、買取請求（☞法68条）など住民の財産に対する制限等が働くのでその旨を周知させる必要があること、住民の理解を深めさせることにより事業の促進を図ることが望ましいことなどの理由から、施行者に対し事業の施行について周知させる義務を課したものである。

　周知措置としては次のものがあげられている。

　　a　事業施行の公告
　　b　土地建物等の有償譲渡の制限内容を関係権利者に周知させること
　　c　事業の概要の説明及び住民からの意見の聴取

（6） 第67条の趣旨

　都市計画事業については土地収用法の適用により、最終的には事業地内の土地を強制的に収用する手段が付与されているのであるが、このような強制権を発動する前に簡便な用地取得の制度が必要である。

　ところで、都市計画事業を施行する事業地の告示があった以上は、その地域内で事業を行うことは確実なので、事業施行の障害となるような行為は一切制限されるべきである。告示後の土地建物等の有償譲渡は一般的には必ずしも事業施行の障害とはいい難いが、買主たる第三者にとっては、いわゆる事業制限があり、かつ、近い将来施行者に譲渡しなければならないのであるから、一般的には、投機的なものあるいは事業施行を妨害しようとする意図にでるものが多いと考えられる。

　このような事情を勘案し、事業地内の土地建物等を有償で譲渡しようとする場合には、先買いの制度を設け、投機的取引と地価の騰貴を防止するとともに用地買収の円滑化を図り、事業施行を促進しようとしたものである。

（7） 第68条の趣旨

　都市計画事業の事業地内の土地については、事業の施行の障害となるおそれがある建築行為等が制限され、土地建物等の有償譲渡につき先買制度が働

くことにより、土地の所有者に対し相当の制限を課していることにかんがみ、土地所有者を保護するとともに、用地買収の円滑化を図るため、施行者に対する買取請求権を与えたのである。

(8) 第69条の趣旨

都市計画事業は、道路、公園、下水道等の都市施設の整備に関する事業と新住宅市街地開発事業等の市街地開発事業であり、事業の性質上きわめて公共性が強く、これらの事業の施行に必要な場合には土地等の収用権を付与することが適当であると考えられる。このため、都市計画法においては、これらの事業を土地収用法第3条各号に掲げる公共の利益となる事業の1つに該当するものとみなして土地等を収用し、又は使用することができることとしているのである。

なお、第69条において、都市計画事業を土地収用法第3条各号に規定する事業に該当するものとみなしていることの具体的な意味は、土地収用法第11条、第14条等の事業の準備のための立入り、試掘等に係る規定が、同法第3条各号に掲げる事業の準備のためでなければ適用されないことから、都市計画事業についてもこれらの規定の適用を直接に受けうるようにすることにある。

(9) 都市計画事業に関する土地収用の手続

都市計画事業については、都市計画事業の認可又は承認が土地収用法の事業認定とみなされるが、それ以後の収用手続を図示すれば次の図のようになる。

第5章　都市計画事業

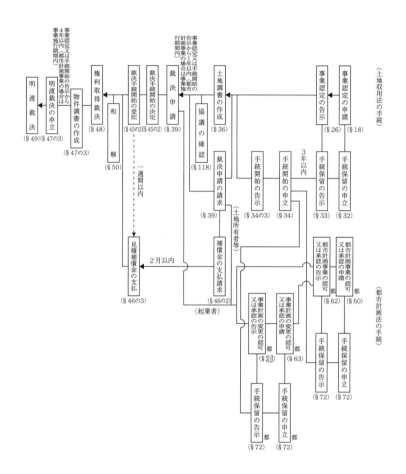

(10) 第70条の趣旨

　土地収用法の事業認定は、収用権を付与するのにふさわしい公共の利益となる事業である旨を認定するものであり、これを受けるには、第1に同法第3条各号に掲げる公益性の高い事業であること、第2に起業者が当該事業を遂行する十分な意思と能力を有するものであること、第3に事業計画が土地の適正かつ合理的な利用に寄与するものであること、第4に土地の収用・使用につき公益上の必要があるものであること、のいずれの要件をも充足しな

ければならないこととされている。ところで、都市計画事業については、第1に都市施設に関する事業は、ほぼ土地収用法第3条各号に掲げるものと同様のものであり、市街地開発事業は都市の開発及び整備のために緊急に必要な事業であってきわめて公益性の高い事業であること、第2に事業主体としては、地方公共団体、国の機関及び特許施行者とされており、かつ確実な事業遂行が見込まれることを事業認可等の際に十分審査していること、第3に都市計画決定の時点において当該計画について、利害関係人、第3者機関及び行政機関の調整を十分経てきているため、計画自体の合理性は十分具備していることから、都市計画事業の認可又は承認の手続を経たうえで、さらに土地収用法の事業認定の手続をとることとするのは、事業者に二重の手続をとらせることになり、不合理であるので、都市計画事業の認可又は承認をもって土地収用法の事業認定に代えることとし、事業認定の手続を不要としているものである。なお、この制度は、旧法においても同様の取扱いとされていた。

(11) 都市計画事業の認可等の土地収用法上の効果

都市計画事業については、都市計画事業の認可又は承認の告示をもって土地収用法第26条第1項の規定による事業の認定の告示とみなされ、さらに都市計画事業の認可等の告示があった日から1年以内に収用又は使用の裁決の申請がないときは、その時点であらたに事業の認定の告示があったものとみなされている（このみなされた事業の認定の告示の日から1年以内に収用又は使用の裁決の申請がないときも同様である）。この結果、事業の認定の告示にみなされた都市計画事業の認可等の告示は、次のような土地収用法上の効果を生じる。

 a　告示後新たな権利を取得した者は、既存の権利を承継した者を除き、関係人に含まれず、したがって補償の対象者とならない（☞土地収用法8条Ⅲ）。

 b　施行者又はその命を受けた者若しくは委任を受けた者は、事業準備

のため又は土地調書及び物件調書の作成のために、その土地又はその土地にある工作物に立ち入って、これを測量し、又はその土地若しくは工作物にある物件を調査することができる（☞土地収用法35条Ⅰ）。

c 施行者は、土地調書及び物件調書を作成し、これに署名押印しなければならない（☞同法36条Ⅰ）。

d 施行者は、収用し、又は使用しようとする土地が所在する都道府県の収用委員会に収用又は使用の裁決を申請することができる（☞同法39条Ⅰ）。

e 土地所有者又は土地に関して権利を有する関係人（先取特権を有する者、質権者、抵当権者、差押債権者又は仮差押債権者である関係人を除く。）は、裁決前であっても、施行者に対し、土地又は土地に関する所有権以外の権利に対する補償金の支払を請求することができる（☞同法46条の2Ⅰ）。

f 収用する土地又はその土地に関する所有権以外の権利に対する補償金の額は、近傍類似の取引価格等を考慮して算定した告示の時における相当の価格に、権利取得裁決の時までの物価の変動に応ずる修正率を乗じて得た額とする（☞同法71条）。

g 土地所有者又は関係人は、告示の後において、土地の形質の変更等については、あらかじめ都道府県知事の承認を得た場合を除くほか、これに関する損失の補償の請求をすることができない（☞同法89条Ⅰ）。都市計画法第65条関係〈工作物の建築等についての許可があった場合の損失の補償〉P.260、261参照。

なお、手続を保留された土地の区域については、その性格上このような効果が発生しないことはいうまでもない。

(12) 手続開始の手続

収用又は使用の手続が保留された事業地についての手続開始の申立ては、土地収用法第34条から第34条の5までの規定により行われる。その手続を図

2 都市計画事業の施行

示すると次のようになる。

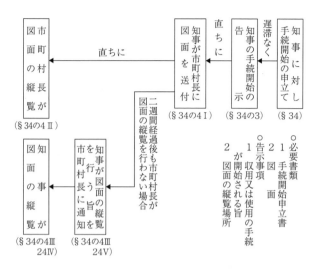

第6章

都市施設等整備協定

(1) 都市施設等整備協定の趣旨

　人口減少局面に入り開発圧力が低下する中、都市計画決定された都市施設等の整備が必ずしも実現せず、当該施設の用に供することとされていた土地やその周辺の土地の有効活用が図られておらず、また当該施設がないことで地域の魅力が低下しているという状況が、大都市・地方都市を問わず発生している。

　都市施設等に関する都市計画は、機能的な都市活動を確保する上で必要な施設の位置、規模等を都市計画決定権者の意思として定めるものにすぎず、特定の主体にその整備を求めるという性質のものではないため、現行の都市計画制度の枠組みでは都市施設等の確実な整備を担保するには限界がある。

　この点、都市施設等の確実な整備を担保するためには、都市計画決定権者が、都市計画の案を作成しようとする段階において、当該施設の整備を行うことが見込まれる事業者との調整・協議を行い、合意に基づき、双方の意向を都市施設等の整備内容に反映できるような仕組みを導入することが有効である。

　このため、都市計画の案を作成しようとする都道府県又は市町村は、当該施設の整備を行うと見込まれる者との間において、当該施設の位置、規模又は構造、当該施設の整備の実施時期等を内容とする協定を締結することができることとし、当該施設の円滑かつ確実な整備を担保することとした。

(2) 都市施設等の整備を行うと見込まれる者

　法第75条の2第1項の「当該都市施設等の整備を行うと見込まれる者」としては、民間ディベロッパーのほか、病院を整備する医療法人や駅地下通路を整備する鉄道会社などが考えられる。

(3) 都市施設等整備協定の記載事項

　本協定を締結する当事者の間において話し合いにより、協定事項を決定することとなるが、それぞれ以下のような内容を盛り込むことが考えられる。
ア　都市施設等整備協定の目的となる都市施設等　（☞法75条の2Ⅰ①）

第6章　都市施設等整備協定

協定の対象となる施設が都市施設なのか、地区施設なのか、その他の施設か、対象とする施設の別を定めること。

イ　協定都市施設等の位置、規模又は構造（☞同項②）

都市施設として病院を整備する場合にあっては、整備する場所の位置（何丁目等）、○○ヘクタール等の規模、敷地面積あたりの延べ面積（○階）等の構造を定めること。

ウ　協定都市施設等の整備の実施時期（☞同項③）

○月上旬、○月から○月まで、といった形で、実際に施設の整備を実施する時期を定めること。なお、この時期を勘案し、本協定を締結した都道府県又は市町村は都市計画審議会に本協定に基づく都市計画を付議することとなるため、本号では、整備を開始する時期についてなるべく具体的な時期を定めることが望ましいと考えられる。

エ　次に掲げる事項のうち必要なもの（☞同項④）

- 協定都市施設等の整備の方法

    どのような事業計画・整備手法に基づいて整備を進めるのか、具体的な役割分担とプロセスを定めること。また、必要に応じて、施設の整備に伴って必要となる土地の区画性質の変更等の許認可事項についても定めることが考えられる。

- 協定都市施設等の用途の変更の制限その他の協定都市施設等の存置のための行為の制限に関する事項

    例えば、都市施設として病院を整備する場合にあっては、整備した病院の用途を変更する行為を制限すること、整備した病院施設を無断で撤去する行為を制限すること等を定めること。

- その他協定都市施設等の整備に関する事項

    施設の整備に要する費用負担の割合等を定めること。

オ　都市施設等整備協定に違反した場合の措置

違約金や義務履行、原状回復、損害賠償等の請求・裁判所への出訴等を定めること。

(4) 法第75条の3の趣旨

　本協定を締結した都道府県又は市町村は、協定締結者が円滑に都市施設等の整備を行うことができるようにする責務を有することとなるため、当該都道府県又は市町村は、本協定に定められた当該施設の位置、規模等に従って都市計画の案を作成して、本協定において定められた当該施設の整備の実施時期を勘案して適当な時期までに（本協定に定めた当該施設の整備の実施時期までに都市計画の決定等が行われているようにすることが必要）、都市計画審議会に付議することとし（☞法75条の3Ⅰ）、本協定の実効性を担保することとした。

　また、その際には、都市計画審議会における審議が円滑に行われるよう、都市計画の案に併せて、本協定の写しを提出しなければならないこととした（☞同条Ⅱ）。

(5) 法第75条の4の趣旨

　本協定は、都道府県又は市町村と都市施設等の整備を行うことが見込まれる者との間において、協定を締結し、都市施設等の円滑かつ確実な整備を図るためのものである。

　このためには、都市施設等の整備に係る許認可の時間リスクを軽減させること、整備を行うと見込まれる者の手続に係る負担を軽減させることなどを併せて図る必要があり、協定の締結を都市施設等の整備の実施に際し必要となる開発行為との関係で事前審査的な機能を有するものとして位置づけ、実際の整備実施段階でこれを得たとみなす措置（ワンストップ）を講じることとした。

　すなわち、通常であれば整備実施段階で個別に所要の手続を経る必要があるところ、協定を締結する場合には、開発区域の位置、その設定等の法第30条第1項に掲げる内容を都市計画決定権者が早い段階で把握することが可能となるため、本規定により、整備検討段階で、都道府県又は市町村が申請者に代わって本来の開発許可権者に同意を得ることで、整備実施段階における

第6章　都市施設等整備協定

手続を不要とすることとした。

第7章

都市計画協力団体

(1) 都市計画協力団体の趣旨

　質の高いまちづくりを実現するためには、低未利用地の活用やまちづくりのルール作りなどの身の回りの課題に対処する住民団体や商店街組合等の主体的な取組を後押しするとともに、地域の実情をきめ細やかに把握しているこれらの団体と身近な都市計画を担う市町村との連携を促進することが有効である。

　実際、住民団体等の中には、地域の土地利用の状況を調査・把握し、土地所有者等に対し望ましい土地利用に関する提案をしつつ、関係住民の意見を集約しながら、市町村と協働して地区計画等に住民意向を反映する取組を行っているものがある。

　このため、地域の実情に応じた質の高いまちづくりを進める上で、住民意向に精通し良好な都市環境の形成への強い関心と、市町村とともにその実現へ向けた取組を行う能力とを併せ持つ団体を、都市計画協力団体として法律上位置づけ、市町村との一層の連携強化を図ることとした。

(2) 都市計画協力団体の対象となる者

　都市計画協力団体には、まちづくり会社やＮＰＯ法人等の法人格を持った団体に加え、住民団体や商店街団体等の法人格を持たない地域に根ざした団体などを幅広く指定することが考えられる。

(3) 都市計画協力団体の業務

　都市計画協力団体は、法第75条の6各号に掲げる業務として、それぞれ以下のような業務を行うことが考えられる。

ア　当該市町村がする都市計画の決定又は変更に関し、住民の土地利用に関する意向その他の事情の把握、都市計画の案の内容となるべき事項の周知その他の協力を行うこと（☞法75条の6①）。
　　例：住民参加のワークショップの開催、ウェブサイトを活用した都市計画の案の内容となるべき事項の周知

イ　土地所有者等に対し、土地利用の方法に関する提案、その方法に関する

知識を有する者の派遣、相談その他の土地の有効かつ適切な利用を図るために必要な援助を行うこと（☞同条②）。
　例：土地利用に関する先進的取組の紹介、専門的知見を有する者の派遣
ウ　都市計画に関する情報又は資料を収集し、及び提供すること（☞同条③）。
　例：都市計画に従った施設の整備等が行われていない場所の発見及び連絡
エ　都市計画に関する調査研究を行うこと（☞同条④）。
　例：地域の人口規模や土地利用の状況、交通量等の調査
オ　都市計画に関する知識の普及及び啓発を行うこと（☞同条⑤）。
　例：都市計画の適切な遂行に係る普及及び啓発活動

（4）改善命令等

　法第75条の7第1項の規定は、都市計画協力団体の業務に関する市町村長の報告聴取の権限を定めており、当該報告によって、都市計画協力団体の業務が適正かつ確実に実施されているか、把握できるようにするものである。

　また、同条第2項の規定により、市町村長が都市計画協力団体の業務の運営に関し必要な措置を講ずべきことを命ずることができるのは、法第75条の6に掲げる業務の運営に関して、改善が必要と認められる場合であり、当該業務の運営以外の行為について改善命令を発することはできない。

　ただし、同条に掲げる業務の運営以外の行為を行うことにより、同条に掲げる業務を適正かつ確実に行うことができなくなるような場合には、業務の運営に関して改善が必要と認められる場合に該当し、改善命令を発することができるものと解される。

（5）都市計画協力団体と都市再生推進法人との違い

　都市計画協力団体は、まちづくり会社やNPO等の法人格を持った団体に加え、住民団体や商店街組合等の法人格を持たない地域に根ざした団体等も指定の対象となり得る。

　また、都市計画協力団体は、主に、住民参加のワークショップの開催、

ウェブサイトを活用した都市計画の案の周知等の業務を行うなど、都市計画の作成段階において、市町村をある程度代替した取組も含めた活動を行うこととなる。

これに対して、都市再生推進法人は、法人格を持つ団体のみが指定され、都市の再生に必要な公共公益施設の整備など、主に、具体的な事業の実施段階において、その役割を担う団体として位置づけられている。

第8章

社会資本整備審議会

（1）社会資本整備審議会の職務

社会資本整備審議会においては、都市計画法によりその権限に属させられた事項を調査審議し、及び国土交通大臣の諮問に応じ都市計画に関する重要事項を調査審議することとされており、また、都市計画に関する重要事項について関係行政機関に建議することもできることとされている。これを具体的に示すと次のとおりである。

a 都市計画法によりその権限に属させられた事項

国土交通大臣が指示権を発動した後に都道府県又は市町村が所定の期限までに正当な理由がなく指示された措置をとらないことを理由に国土交通大臣がみずから代行措置をとる場合に、正当な理由がないことについて確認すること（☞法24条Ⅳ）

b 都市計画に関する重要事項

これまで国土交通大臣の諮問に応じて調査審議を行い、答申を出してきている。

（2）都道府県都市計画審議会の職務

都道府県都市計画審議会においては、都市計画法によりその権限に属させられた事項を調査審議し、及び都道府県知事の諮問に応じ都市計画に関する事項を調査審議することとされており、また、都市計画に関する事項について関係行政機関に建議することもできることとされている。さらに他の法令により、その権限に属された事項も審議することができる。

（3）市町村都市計画審議会の設置

市町村都市計画審議会は、地方分権の推進を図るための関係法律の整備等に関する法律（平成11年法律第87号）による都市計画法の改正（平成12年4月1日施行）によって都市計画法に位置づけられるまでは、法律上根拠のない任意の機関として約9割の市町村に設置されており、都市計画の案の審議等を行っていた。当時は、市町村が都市計画を決定する際、法律上根拠のない市町村都市計画審議会と都道府県に設置されていた法定の都市計画地方審議

第8章　社会資本整備審議会

会の議を経ていたが、都市計画による私権制限の合理性等についての二重の審議を回避し、都市計画決定手続の簡素化・円滑化を図るため、市町村都市計画審議会を都市計画法に位置づけ、当該審議会の議を経れば、都道府県都市計画審議会（従前の都市計画地方審議会）の議を経なくともよいこととした。

　市町村都市計画審議会の設置については、①市町村都市計画審議会が法定化される以前、当該審議会を設置していない市町村が存在していたこと、②市町村都市計画審議会を法定化した趣旨は、二重審議の回避であり、仮に市町村都市計画審議会が設置されない場合であっても、都道府県都市計画審議会の議を経れば同様の内容を判断し、都市計画決定手続を遂行することができることから、任意の設置とされている。

　ただし、前述したように、都市計画法に位置づけられる前も、約9割の市町村において、市町村都市計画審議会が任意に設置されており、市町村都市計画審議会が法定化された後においても、ほとんどの市町村において設置されることが予想されたことから、市町村が都市計画を定める場合の手続については、市町村都市計画審議会が設置された場合を原則型として規定し、設置されない場合の手続を例外的に規定することとした。

　また、地方自治法第252条の19第1項の指定都市については、
　　a　指定都市は、都道府県とほぼ同様の都市計画決定権限を有することとなるが、都道府県には都道府県都市計画審議会が必置とされていることとの均衡をとる必要があること
　　b　市町村都市計画審議会の設置を任意とすることは、都市計画決定案件が少数で、あえて市町村都市計画審議会を設置することまで必要のない小規模の市町村の事情を勘案したものであるが、指定都市はこのような市町村には当然該当せず、また、現在、市町村都市計画審議会が既に設置されていること
から、市町村都市計画審議会は必置とされている。

(4) 市町村都市計画審議会の権限

　市町村都市計画審議会は、基本的には、前述のように市町村の行う都市計画決定に関しその議を経ることとするものであるが、都道府県都市計画審議会と同様に、市町村は、都市計画の案を市町村都市計画審議会に付議する際に、都市計画の案の公告縦覧の際に市町村に提出された意見書の要旨を提出するものとされている。

　なお、都道府県都市計画審議会は、
　　a　都市計画法によりその権限に属させられた事項の調査審議
　　b　都道府県知事の諮問に応じた都市計画に関する調査審議
　　c　都市計画に関する事項についての関係行政機関に対する建議

を行う機関であり、市町村都市計画審議会は、これと同様の権限を有することとするが、都市計画法によりその権限に属させられた事項は、市町村が都市計画決定等を行う場合の調査審議に限定されている。

　さらに、市町村都市計画審議会は市町村に置かれる機関であることから、都市計画に関する調査審議は「市町村長の諮問」を受けて行うこととされている。

(5) 開発審査会の職務

　開発審査会の行う職務は次のようなものである。
　　a　法第50条第1項に規定する審査請求に対する裁決
　　b　市街化調整区域内で行われる法第34条第14号に係る開発行為を都道府県知事が許可しようとする場合に、あらかじめその議を経ること。
　　c　令第36条第1項第3号ホの規定により、市街化調整区域内において行われてもその周辺における市街化を促進するおそれがないと認められ、かつ、市街化区域内において行うことが困難又は不適当と認められる建築物又は第1種特定工作物として都道府県知事が建築の許可又は用途の変更をしようとする場合に、あらかじめその議を経ること。

第9章

その他

(1) 第80条の趣旨

　都市計画の適切な遂行を確保するためには、都市計画の実態を十分に把握しておく必要があるので、監督者としての立場における国土交通大臣又は都道府県知事が、国の機関以外の施行者又は施行者である市町村、都市計画決定権者である市町村等に対し、都市計画事業の進捗状況、開発行為の実状等この法律の施行のため必要な限度において、報告若しくは資料の提出を求め、又は勧告若しくは助言することができることとしたものである。

　また、これとともに、市町村又は施行者が、国土交通大臣又は都道府県の専門職員の技術的援助を要請し得る旨を定め、両者の緊密な協力体制を確立しようとするものである。

　なお、平成29年の都市計画法の改正によって、田園住居地域に係る市町村長による許可制度が創設されたことに伴い、町村長にも上記権限が付与された。

(2) 第81条の趣旨

　都市計画法は、開発許可制度、計画制限、事業制限等一般私人に対して行為の制限をする制度を設けており、一方これらの制限は都市計画上必要なものであり、違反行為は早急に排除されねば都市計画の推進のうえで非常な障害となる。そこで、これら本法によりなされた許可、認可若しくは承認に違反した者に対し、違反を是正するため必要な措置をとるべきことを命令できることにしたのである。

　なお、監督処分の対象となる「この法律によつてした許可、認可又は承認」から「都市計画の決定又は変更に係るもの」は除かれている。この趣旨は、監督処分は本法により対人的になされた認可、許可又は承認等の内容を都市計画上必要な限度において維持することをその本来の目的としており、都市計画の決定又は変更に係る認可又は承認のように、対人的になされないものは、本質的に、これらの処分を取消し、変更し、又はその効力を停止する等により監督処分をする必要がないからである。

第9章　その他

(3) 指定都市に移譲される都道府県の都市計画決定権限の範囲

　指定都市は、一般の市町村とは異なり、人口及び産業の集中を背景とする、大都市特有の複雑多岐な行政需要を充足するため、各種の事務事業の総合的・計画的実施を図ることが求められるものであり、都市計画の決定に関しても、可能な限り指定都市において一次的な判断をすることにより、当該指定都市の都市計画全体を総合的・計画的に実施することを可能とし、当該指定都市における行政需要に応えていくことを可能とすることが適切と考えられる。このため、地方分権の推進を図るための関係法律の整備等に関する法律（平成11年法律第87号）の施行（平成12年4月1日）に伴う都市計画法の改正及び地域の自主性及び自律性を高めるための改革の推進を図るための関係法律の整備に関する法律（平成23年法律第105号）の施行（平成24年4月1日）に伴う都市計画法の改正等により、指定都市については、都市計画決定の一次的判断権限に関して、原則として、都道府県と同様の権限を有することとした。ただし、一の指定都市の区域の内外にわたり指定されている都市計画区域に係る都市計画区域の整備、開発及び保全の方針、並びに当該指定都市の区域を越えて特に広域の見地から決定すべき都市施設に関する都市計画については、引き続き、都道府県が決定することとされている。

　これは、
  a　一の指定都市の区域の内外にわたり指定されている都市計画区域に係る都市計画区域の整備、開発及び保全の方針については、都市計画区域の指定は市町村の区域にかかわらず広域の観点から都道府県が行うこととされており、これらの都市計画はこうした都市計画区域の全体像を踏まえて、当該都市計画区域の指定とあわせて決定されるべきものであるため、指定都市が定めることは不適切であること
  b　指定都市の区域を超えて特に広域の見地から決定すべき都市施設に関する都市計画（☞具体の都市施設については令45条参照）については、当該指定都市の区域を超える部分に係る都市計画についてまで当該指定都市が広域の見地から判断して決定することは不適切であるこ

と
によるものである。

以上により、都市計画法第15条第1項各号に掲げる都市計画については、
- (ⅰ) 一の指定都市の区域の内外にわたり指定されている都市計画区域に係る都市計画区域の整備、開発及び保全の方針に関する都市計画
- (ⅱ) 指定都市の区域を越える広域の見地から決定される政令で定める都市計画

を除き、指定都市が決定することとされている。

（4）指定都市による都市計画の決定手続

第3章1都市計画決定権者P.143参照。

（5）指定都市等が処理し、又は指定都市等の長が行う事務

都道府県が処理し、又は都道府県知事が行うこととされている事務のうち、次のものは、指定都市等が処理し、又は指定都市等の長が行うこととされている。

　　a　開発行為の規制
　　b　開発審査会の設置（☞法78条）
　　c　これらの事務に関する監督処分（☞法81条）

よくわかる都市計画法　第二次改訂版

平成30年12月25日　第1刷発行
令和7年2月10日　第7刷発行

編　著　都市計画法制研究会

発　行　株式会社 ぎょうせい
〒136-8575　東京都江東区新木場1-18-11
URL：https://www.gyosei.jp

フリーコール　0120-953-431
ぎょうせい　お問い合わせ　検索　https://gyosei.jp/inquiry/

＜検印省略＞

印刷　ぎょうせいデジタル株式会社　　　©2018　Printed in Japan
※乱丁本・落丁本はお取り替えいたします。
ISBN978-4-324-10583-2
(5108489-00-000)
〔略号：わかる都市計画（二訂）〕